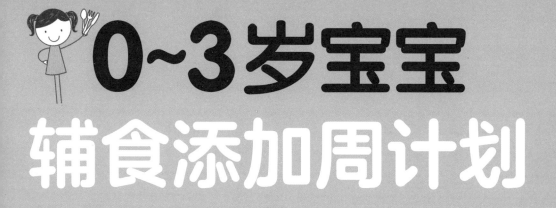

0~3岁宝宝
辅食添加周计划

薛亦男 主编

U0345771

江西科学技术出版社

图书在版编目（ＣＩＰ）数据

0～3岁宝宝辅食添加周计划 / 薛亦男主编 . -- 南昌：
江西科学技术出版社，2018.7
ISBN 978-7-5390-6300-3

Ⅰ . ①0… Ⅱ . ①薛… Ⅲ . ①婴幼儿－食谱 Ⅳ .
① TS972. 162

中国版本图书馆 CIP 数据核字 (2018) 第 077162 号

选题序号：ZK2017432
图书代码：D18031-101
责任编辑：张旭 周楚倩

0～3 岁宝宝辅食添加周计划

0～3 SUI BAOBAO FUSHI TIANJIA ZHOU JIHUA

薛亦男　主编

摄影摄像	深圳市金版文化发展股份有限公司
选题策划	深圳市金版文化发展股份有限公司
封面设计	深圳市金版文化发展股份有限公司
出　　版	江西科学技术出版社
社　　址	南昌市蓼洲街 2 号附 1 号
	邮编：330009　　电话：（0791）86623491　　86639342（传真）
发　　行	全国新华书店
印　　刷	深圳市雅佳图印刷有限公司
开　　本	723mm×1020mm　　1/16
字　　数	200 千字
印　　张	12
版　　次	2018 年 7 月第 1 版　2018 年 7 月第 1 次印刷
书　　号	ISBN 978-7-5390-6300-3
定　　价	39. 80 元

赣版权登字：-03-2018-63

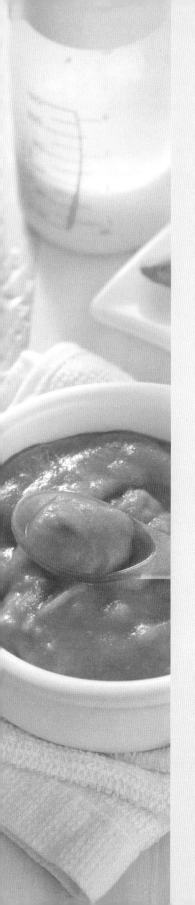

前言
preface

从宝宝平安降生，到吮吸到第一口乳汁，母乳就成了宝宝的专属食物，不仅给予了他成长的力量，更是爱意满满的温情守护。看着怀里的小人儿吮吸得那样满足，妈妈的心中也荡漾出幸福的涟漪，这样散发着温馨光芒的亲密画面真想永远保存下来。但随着宝宝的长大，需要更多的营养和食物，跟母乳说再见的日子，还是如期而至。

当宝宝长到 7 个月以后，辅食将会逐渐代替母乳，虽然那段亲密时光将会慢慢减少，但辅食制作的背后依旧是妈妈始终不变的爱子之心，宝宝即将初尝到人生的新滋味，这其中的意义已无须多言。那么，辅食该如何添加？吃什么？吃多少？种种疑惑对于新手妈妈来说，算是不小的挑战。

抱着让宝宝健康成长的坚定信念，大部分的妈妈都会选择亲手做羹汤。但在开始之前，妈妈要懂得食材挑选、烹饪技巧、辅食添加的原则和方法，尤其是要针对不同月龄的宝宝发育特点制作出相适应的辅食，这些并没有想象中的那么简单。为此，我们精心编著了这本《0 ～ 3 岁宝宝辅食添加周计划》。

本书在详细介绍辅食制作大小事的基础上，分 7 个阶段介绍宝宝辅食的添加与制作方法，更有每周食谱推荐、宝宝生病的食疗餐和营养功能餐等内容。不仅用专业的养育知识指导妈妈科学喂养宝宝，还精选出诸多深受宝宝喜爱的营养辅食，并配有菜例二维码，让妈妈能轻松学做多种多样的宝宝餐。

对于宝宝来说，辅食跟母乳一样，都是属于妈妈的味道，都蕴含着妈妈的关心和爱。希望每一位妈妈都能在本书的陪伴下，见证宝宝的健康成长与美好未来。

目录
contents

Part2 0～6个月，坚持纯乳喂养

Part3　7～9个月，尝试添加辅食

Part4　10～12个月，慢慢习惯辅食

Part5 13~18个月，逐渐爱上辅食

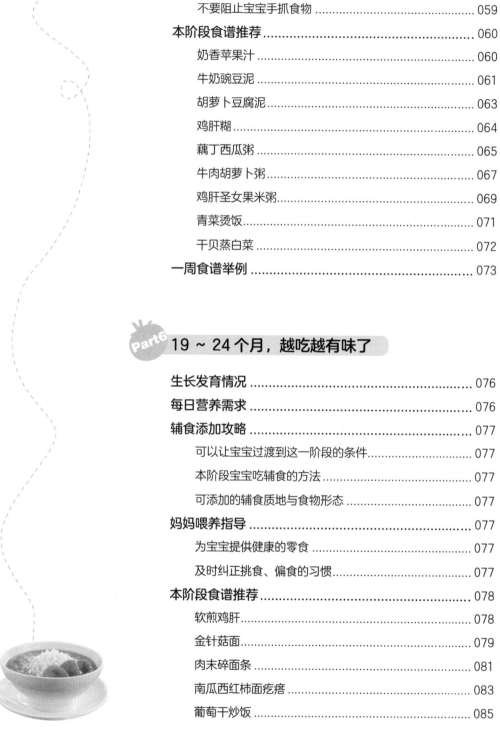

Part6 19 ~ 24个月，越吃越有味了

25 ~ 30 个月，开启吃喝盛宴

Part8 31 ～ 36 个月，和大人一样吃饭

Part9 宝宝生病了，这样吃好得快

Part10 营养功能餐，打造健康宝宝

Part1

妈妈须知，
宝宝辅食添加大小事

辅食，是开启宝宝味蕾新大门的金钥匙。
遵循辅食添加的原则，走出辅食添加的误区，
用心留住食物的每一分营养，让宝宝顺利品尝人生新滋
味吧！

宝宝6个月后，开始添加辅食

刚出生的宝宝喝母乳或配方乳就能获得所需营养。但随着宝宝的成长，要逐步添加米粉、汁、泥、糊等液体或固体类食物，这种为均衡营养而添加的辅助食物就是辅食。

宝宝需要添加辅食的信号

不同的宝宝生长发育情况有所差异，辅食添加的具体时间也不尽相同，要根据宝宝的生长发育情况和成长需要来定。一般来说，当宝宝出现以下信号时，爸爸妈妈就要考虑给宝宝添加辅食了：

> 每日摄奶量大增，达到 1000 毫升以上，或者每次吃奶量超过 200 毫升；

> 变得特别容易饥饿，常常因为肚子饿哭闹；

> 体重明显增加，达到出生时的 2 倍；

> 当大人在旁边吃东西时，会目不转睛地盯着，有时还可能伸手想抓；

> 能自主挺直脖子，闻到食物香味还会不自觉地把脖子往前伸；

> 将食物触及宝宝嘴唇时，宝宝表现出吸吮的动作，并尝试着咽下去；

> 喜欢把一些东西放进嘴里，或尝试通过上下颌的张合来进行咀嚼等活动。

添加辅食，不可太早或太晚

给宝宝添加辅食，太早或太晚都不好，会给宝宝的生长发育带来不利影响。过早添加辅食，宝宝可能会因为消化功能尚未发育完善而出现呕吐、腹泻等情况，从而影响营养供给和健康发育；过晚添加辅食，宝宝无法及时补充所需的营养素，同样会减缓生长发育的速度，甚至造成营养不良，而且容易错过锻炼宝宝口腔肌肉和开发味觉的关键期。因此爸爸妈妈要掌握好添加辅食的时机，具体什么时候还是要根据宝宝的健康状况及成长需要来决定。

早产儿添加辅食要先矫正月龄

医学上一般把满 28 孕周至 37 孕周之间出生的宝宝认定为早产儿。早产儿的发育标准要按照矫正月龄来计算，所以给早产儿添加辅食要先矫正月龄，以判断宝宝目前的发育情况是否应该引入辅食。通常早产儿的矫正月龄＝实际出生月龄－（40 周－出生时孕周）÷4。例如，孕 32 周出生的早产儿出生后 6 个月，其矫正年龄为 4 个月，即：6-（40-32）÷4=4。

给宝宝添加辅食的作用

辅食不是对主食可有可无的补充，宝宝的身体发育到一定阶段，爸爸妈妈就必须根据宝宝的发育水平给他添加辅食。添加辅食有很多重要的作用：

·补充成长所需的营养

这是给宝宝添加辅食的重要作用，宝宝长到 6 个月后，单纯从母乳或配方乳中获得的营养已经不能满足生长发育的需要，这就需要额外给宝宝添加辅助食物，以帮助宝宝及时摄取均衡、充足的营养，满足生长发育的需求。

·锻炼咀嚼能力

宝宝长出乳牙后，在他的辅食中添加一些软固体食物，他会学着用牙龈或牙齿去咀嚼食物，从而锻炼咀嚼能力，增强上下颌的咬合力量。

·促进胃肠和代谢功能成熟

及时给宝宝添加辅食能促进宝宝消化液的分泌和胃肠道的蠕动，增加消化酶的活性，从而促进胃肠和代谢功能成熟。

·培养良好的饮食习惯

通过给宝宝添加辅食，可以让他尝试多种类型、口感、味道的食物，有助于让宝宝逐步适应成人的饮食，减少宝宝长大以后因不适应或不喜欢某种食物而导致的偏食、厌食。在添加辅食的过程中，还能让宝宝逐渐学会使用各种餐具，学会自己吃饭，培养良好的饮食习惯。

辅食添加，需遵循原则

给宝宝添加辅食不能盲目，要遵循一定的原则，这样不仅容易让宝宝接受，而且能达到营养均衡、健康成长的目的。

从少到多

在食量上，辅食添加应遵循从少到多的原则。刚开始不要给宝宝喂太多，可先喂1～2勺，待宝宝适应良好再逐渐加量。

从稀到稠

辅食应按照"液体—泥/糊—固体"的顺序添加，让宝宝的咀嚼、吞咽和消化能力逐步适应。如果一开始就添加半固体或固体食物，宝宝既难以咀嚼，也吸收不好。

从细到粗

宝宝的牙齿和吞咽能力尚未发育完全，辅食添加宜从细到粗。一开始食物要尽可能精细，再逐渐增加颗粒状食物，之后再添加半固体、固体状的较粗食物。

从一种到多种

开始添加辅食时，先尝试一种，并观察宝宝的接受情况。进食3～7天后，如果宝宝接受状况良好，再添加另一种。

尽量少调味料

辅食要尽可能地保留食物的原汁原味，不要添加调料，这有利于提高宝宝对不同口味食物的接受度，减少偏食、挑食的风险，也能降低肠胃和肾脏的负担。

根据宝宝的发育水平添加

爸爸妈妈在给宝宝添加辅食时，不应迷信月龄和盲目与同龄的其他宝宝比较，而是根据宝宝生长发育的实际情况添加。

辅食制作，留住每一分营养

给宝宝准备辅食要精心，无论是制作前的准备，还是加工的过程，包括多余辅食的存放，都要讲究方法，这样才能尽可能多地保留食物中的营养。

制作辅食的常用工具

为了方便操作，除了常用的锅具、刀具等，爸爸妈妈还可参照下表准备工具。

种类	工具	功能
制作工具	研磨器	有研磨钵、研磨盘、研磨碗等，适合于研磨比较坚硬的蔬菜和水果
	料理机	可以用来制作蔬果汁、菜泥、果泥，还可以将芝麻、花生等磨成粉
	过滤网	可以将食物中太粗的颗粒或渣滓过滤掉
	计量器	常见的有量匙、量杯和电子秤，可以帮助精准掌握食材的分量
	模型	可以为食物塑造各种造型，增加宝宝吃饭的乐趣
保存工具	冷冻盒	可以冷冻保存辅食
	保鲜盒	可将制作的多余辅食放入保鲜盒中保鲜
	保温罐	保温效果好，带宝宝外出时，可以将辅食放入保温罐中，便于携带

注意：辅食器具每次使用后都要彻底清洗，然后充分晾干并消毒，以防滋生细菌。

正确加工与保存辅食

给宝宝制作辅食前，先要将食材彻底清洗，并去掉不易消化的皮、筋，挑干净碎骨及鱼刺。烹饪尽量采用蒸、煮、炖等方式，食材一定要煮熟，并根据宝宝的吞咽、消化能力调节食物的渣滓、软硬度。如果制作的辅食宝宝一次吃不完，可以用冷冻盒或保鲜盒装起来，并标示日期，放入冰箱中保存。如果冷冻盒无盖，则要覆盖保鲜膜；存放的时间不宜超过48小时，以免细菌污染辅食。

不同种类辅食的制作方法

有的爸爸妈妈在刚开始给宝宝添加辅食时，可能有点犯难，不知道怎么给宝宝制作。宝宝辅食的制作其实并不难，关键是要掌握好方法。

·蔬果汁

制作果汁，应选用富含维生素 C 的、新鲜的、成熟的水果，先将水果洗净去皮、切成小块，然后放入榨汁器直接榨取果汁，或打碎后滤取果汁。制作蔬菜汁，应选用鲜嫩的当季蔬菜，洗净切碎后放在沸水锅中焯一会儿捞出，榨汁后将汁滤出即可。无论是蔬菜汁还是果汁，在喂食前要先根据宝宝月龄加入适量温开水稀释。

·米汤

将煮熟的米饭和水放入料理机内，搅成米糊，然后倒入锅中，以中小火加热，边煮边搅拌，待沸腾后用滤网滤去渣滓即可得到米汤。也可用生米直接熬煮米汤。

·泥糊类

先将食材，如鱼肉、猪瘦肉、鸡肝、土豆、胡萝卜、苹果等煮熟或蒸熟，切成薄片或小块，用料理机搅成泥，或用研磨器制成泥，拌入米糊或稀饭中，即成泥糊类辅食，也可以用汤匙直接喂给宝宝。

·蛋羹类

先将鸡蛋打散，加适量温开水，1 岁以上的宝宝可以加极少量的盐，调匀后放入蒸锅中，温火蒸10 ~ 15分钟即可。

·粥类

各种谷物如大米、小米等可以单独或搭配适量蔬菜、肉类等制成粥类辅食。制作时，先将食材清洗干净，然后按宝宝所需的稀稠度加水，慢火熬煮成粥；也可以用电饭锅制作。对于刚开始添加辅食的宝宝，妈妈可以用料理机将煮好的粥搅碎，这样利于宝宝吞咽。

·软饭类

制作软饭的方法与普通煮饭差不多，主要是在米与水的比例上有变化。可以将大米淘洗干净后，将米与水按照 1:3 的比例放入电饭锅中煮熟即可；也可以用已经煮熟的米饭添加适量水后，放在奶锅或炖锅中在火上熬煮一会儿制成软饭。

喂养误区，妈妈要小心避免

尽管每个爸爸妈妈都想给予宝宝营养、安全的辅食，但在实际操作过程中，仍然可能存在以下喂养误区，爸爸妈妈妈妈们要尽量避免。

把蛋黄作为辅食的首选

老观念认为要把蛋黄作为给宝宝添加辅食的首选，以便给宝宝补铁，殊不知这样容易造成宝宝肠胃和肾脏的负担，有的宝宝还会发生过敏。一般情况下，添加蛋黄宜在宝宝满8个月后，开始时可在辅食中少量添加，待宝宝大一些的时候，可以逐次少量添加蛋黄泥，给宝宝的肠胃一个适应的过程。婴儿米粉是以米为基础的营养辅食，能满足宝宝的生长需求，发生过敏的可能性比较低，而且只需用温开水冲调即可，稀稠度容易掌握，建议以此作为辅食的首选。

让孩子多吃蔬菜少吃米粉

有的爸爸妈妈担心米粉的营养单一，不能满足宝宝对维生素、铁、钙等的需要，就给宝宝减少米粉的摄入量，增加蔬菜的摄取。其实给宝宝添加辅食，首先应保证米粉等碳水化合物的喂养量，建议每次至少占总喂养量的一半，以保证能量供给。当然，新鲜的蔬菜可以给宝宝提供丰富的维生素和矿物质，爸爸妈妈在准备辅食时，也要适量添加，在保证宝宝摄入足够能量的基础上做到营养均衡。

以别家孩子的食量判断自家宝贝的喂养

有的爸爸妈妈发现自家宝贝没人家宝贝吃得多、长得壮，就强迫自家宝贝加大食量。其实每个宝宝出生时的体重、身长等都各有差异，生长速度也会不一样，而且还受遗传因素影响，即使是相同的喂养，也不可能保证两个同年龄段的宝宝吃得一样多、长得一样壮。处于相同年龄段的宝宝进食量有区别是正常的，爸爸妈妈要根据宝宝生长发育的实际情况判断宝宝的喂养。如果宝宝生长发育正常，说明宝宝的进食量与生长匹配，就没有必要纠结于自家宝贝是否和别家孩子食量一样。

用奶瓶喂辅食

奶瓶是喝配方乳的宝宝非常熟悉的工具，有的爸爸妈妈为了方便操作或让宝宝接受辅食，会用奶瓶给宝宝喂辅食。这样做会限制辅食种类的增加，也无法达到锻炼宝宝咀嚼能力的作用。给宝宝喂辅食，应该用小勺子一勺一勺地喂，让宝宝学会通过卷舌、咀嚼然后吞咽进食，这样不仅可以促进宝宝口腔的发育，还能增近亲子关系、增加宝宝进食的乐趣。

习惯用零食填补宝宝能量摄入的不足

给宝宝供给适量的零食是必要的，对补充营养有帮助，而且在两餐之间给宝宝适当安排零食，可以补充能量。但爸爸妈妈不能习惯用零食来填补宝宝能量摄入的不足。让宝宝频繁吃零食，不仅会影响宝宝的胃口，让他更不愿意吃饭，形成恶性循环；而且会导致营养素吸收率降低，影响生长发育，也不利于宝宝良好饮食习惯的养成。

给宝宝添加零食，以不影响正餐为前提，并应遵循少量、营养、健康的原则，尽量选择营养密度高的食物，如水果、坚果、饼干、酸奶等，爸爸妈妈也可以选择在家自制零食，更健康、营养。吃零食的时间安排在两餐之间比较适宜，餐前 1 小时内不宜给宝宝吃零食，以免影响宝宝正常吃饭。另外睡前 30 分钟也不要让宝宝吃零食，以免影响睡眠。

用米汤、米粉冲调配方乳

有的爸爸妈妈怕宝宝不爱吃辅食，或为了增加营养，会用调好的米汤、米粉等来冲调配方乳，这样做是不对的。配方乳的包装盒上通常标有配方乳与水冲调的比例，用米汤或米粉冲调，会使配方乳的浓度过高，加重宝宝消化和代谢的负担。另外，辅食与配方乳混在一起，与成人食物的味道差别很大，会影响宝宝的口味，对宝宝今后接受成人食物有不利的影响。

专家答疑，辅食添加常见问题

许多爸爸妈妈是新手上岗，没有喂养宝宝的经验，在辅食添加过程中很容易出现各种疑虑。现在来了解专家是如何看待这些爸爸妈妈的常见问题的。

哪些食物容易引起宝宝过敏，该如何添加

婴幼儿期的宝宝胃肠道比较脆弱，容易对有些食物过敏，尤其是刚开始添加辅食的阶段，更是宝宝食物过敏的高发期。一般来说，容易引起宝宝食物过敏的有鸡蛋、牛奶、蜂蜜、大豆、鱼、虾、蟹、花生、芒果、草莓、猕猴桃等。

给宝宝添加辅食，应注意从不容易引起过敏的食材开始。喂食后，观察宝宝有没有出现腹泻、呕吐、红疹等症状，至少坚持喂养并观察 3 天。如果确定宝宝对某种食物过敏，要立刻停止添加，并完全回避这种食物至少 3 个月。另外，食物熟透后导致过敏的可能性会降低，所以给宝宝喂食容易过敏的食物时要注意充分加热。

开始添加辅食后，宝宝不喝奶了怎么办

开始添加辅食后，宝宝不喝奶了可能是因为宝宝很喜欢辅食的味道，对味道平淡的母乳或配方乳就不那么热衷了，爸爸妈妈不要因此就断掉辅食或是直接就给宝宝断奶了。妈妈应做到能喂多少就喂多少奶，并适当增加辅食的量，以保证宝宝的营养摄入，并且要让宝宝逐渐恢复对奶的喜爱。可以在母乳喂养前，在乳头上涂抹一些宝宝爱吃的辅食，或在配方乳中兑上少许果汁等，以提高宝宝对奶的接受度，再逐渐减少，直到宝宝重新爱上喝奶。

什么时候该给宝宝断奶

断奶没有标准的时间节点，一般来说，在宝宝刚开始添加辅食时，母乳依然是"主角"。随着宝宝的生长发育，渐渐地母乳已不能完全满足宝宝的需求，此时就要逐渐增加辅食的量，同时减少母乳的量，以保证宝宝能够吃饱、营养均衡。当宝宝养成了

正常的进食规律和习惯，就慢慢地不再依赖母乳，实现断奶的自然过渡。通常在宝宝1岁半左右可完成断奶，最迟也不能晚于2岁。如果到2岁后还不能断奶，就易形成恋奶的习惯，影响宝宝的身心健康发育。

如何引导宝宝的吃饭兴趣

富于变化的辅食可以让宝宝保持对吃饭的新鲜感。爸爸妈妈可以通过改变食材外观，把食物做出可爱的图案或组合成别出心裁的造型，或选择不同种类、颜色各异的食材搭配在一起，变换辅食花样，提高宝宝吃饭的兴趣。另外，给宝宝准备他喜欢、趁手的餐具，让他与爸爸妈妈一起吃饭，吃饭时间多关心宝宝、赞美宝宝，也可以让宝宝食欲大增、更喜欢吃饭。

可以把食物嚼碎了再喂给宝宝吃吗

将大人的食物嚼碎了喂给宝宝，容易将口腔中的细菌传染给宝宝，而且嚼碎的食物没有经过宝宝唾液参与，会加重他的肠胃负担。另外宝宝没有自己咀嚼食物，口腔肌肉得不到锻炼，对咀嚼能力、语言能力等的发展也是不利的。给宝宝吃的辅食，要根据宝宝口腔发育情况单独制作，如果宝宝不习惯咀嚼，爸爸妈妈就要耐心地给宝宝示范怎么咀嚼食物吞下去，直到宝宝学会自己咀嚼。

宝宝拒绝吃辅食怎么办

刚添加辅食时，因为不习惯辅食的味道或还没有掌握咀嚼技巧，有的宝宝可能会拒绝吃辅食，这时爸爸妈妈不要由于心急而强迫宝宝吃，也不要训斥宝宝，以免让宝宝更加抗拒。在给宝宝喂辅食前，爸爸妈妈可以先吃，并多做咀嚼动作诱导宝宝，然后尝试给宝宝喂一点辅食，让他熟悉味道，如果宝宝仍然拒绝，那就在第二天同一时间换一种食物尝试。

宝宝不爱吃蔬菜怎么办

对于味道清淡又不容易嚼烂的蔬菜，许多宝宝都比较抗拒，但是不吃蔬菜容易缺乏维生素。要想让宝宝爱上蔬菜，需要爸爸妈妈从制作方法上多想想办法。有的宝宝可能爱吃饺子、馄饨等，可以将几种蔬菜做成馅让宝宝吃下去；也可以将蔬菜加工处理后添加到宝宝爱吃的食物中，让宝宝在不知不觉中吃下去。

如何预防宝宝挑食、偏食

给宝宝吃的辅食中，要尽量少添加调味料，也要避免给宝宝吃口味本身就很重的食物，以免导致宝宝长大后难以接受清淡的饮食。另外，爸爸妈妈给宝宝准备的辅食应避免单一，不要觉得某种食物特别有营养或宝宝表现得很爱吃，就经常地给宝宝吃这一种食物。在辅食添加过程中，要循序渐进地增加食物种类，让宝宝尝试多种食物，以免出现偏食、挑食的现象。爸爸妈妈还要注意控制宝宝吃零食的量，零食吃多了会影响食欲，久而久之容易形成挑食、偏食的不良习惯。

宝宝长牙期间该如何准备辅食

通常宝宝在 6 个月大时开始萌出乳牙，宝宝在长牙期间，牙龈会不适，喜欢往嘴里放东西，对辅食的兴趣也会加大。在乳牙萌出前，宝宝还不能充分咀嚼食物，在此期间辅食应以液体或泥糊状食物为主；7 ~ 8 个月，大多数宝宝已长出乳牙，为了锻炼宝宝的咀嚼能力，辅食可以慢慢添加一些有点颗粒感的食物，硬度与香蕉类似。总的来说，爸爸妈妈在给宝宝准备辅食时，要让食物性状与宝宝牙齿的发育状况相适应。

宝宝吃辅食便秘了怎么办

宝宝开始吃辅食后，如果食物加工过精、过细，有利的一面是便于宝宝消化和吸收，不利的一面就是食物残渣少，使膳食纤维摄入不足，导致便秘。爸爸妈妈不必为了预防宝宝便秘而给宝宝喂食做工粗糙的辅食，这样容易导致宝宝消化不良。可以在宝宝两餐之间适当喂食温白开水，在辅食中添加蔬菜、红薯泥等富含膳食纤维的食物来缓解便秘。

Part2

0～6个月，
坚持纯乳喂养

母乳，是妈妈送给宝宝的无与伦比的礼物。

从宝贝出生到 6 个月以前，都应坚持纯母乳喂养。

让奶水助力宝贝茁壮成长，享受幸福温情的亲密时光！

生长发育情况

生理发育指标		新生儿	4 个月	6 个月
体重 (kg)	男孩	3.3 ~ 4.5	6.7 ~ 7.5	8.0 ~ 8.4
	女孩	3.2 ~ 4.2	6.1 ~ 6.8	7.4 ~ 7.8
身高 (cm)	男孩	50.4 ~ 54.8	62.0 ~ 64.6	66.7 ~ 68.4
	女孩	49.7 ~ 53.7	60.6 ~ 63.1	65.2 ~ 66.8
头围 (cm)	男孩	34.5 ~ 36.9	40.5 ~ 41.7	42.7 ~ 43.6
	女孩	34.0 ~ 36.2	39.5 ~ 40.7	41.6 ~ 42.4
胸围 (cm)	男孩	32.1 ~ 33.9	38.3 ~ 46.3	39.7 ~ 48.1
	女孩	31.9 ~ 32.9	37.3 ~ 44.9	38.9 ~ 46.9
牙齿咀嚼功能		吞咽功能已发育完善，能消化大量流质食物。	唾液腺发育良好，唾液分泌增多，常常流口水。	伸舌反射被吞咽反射取代，发育快的宝宝已经开始长牙。
体能发育情况		新生儿大部分时间都在吃奶和睡觉中度过，体能发育功能不强。	大人扶着坐时能挺起头部，并会转头寻找声音的来源；能看清 4 ~ 7 米以内的景物。	可以倚靠着坐一会儿；喜欢被大人扶着跳跃；手腕能自由活动，做出爬的姿势。

每日营养需求

能量	蛋白质	脂肪	烟酸	叶酸	维生素 A
397 千焦 / 千克体重（非母乳喂养加 20%）	1.5 ~ 3 克 / 千克体重	总能量的 40% ~ 50%	2 毫克	65 微克	400 微克
维生素 B_1	维生素 B_2	维生素 B_6	维生素 B_{12}	维生素 C	维生素 D
0.1 ~ 0.2 毫克	0.4 毫克	0.1 毫克	0.3~0.4 微克	20~40 毫克	10 微克
维生素 E	钙	铁	锌	镁	磷
3 毫克	300~400 毫克	0.3 毫克	1.5~3 毫克	30~40 毫克	150 毫克

纯乳喂养攻略

宝宝出生后到6个月大之前，建议采用纯乳喂养。纯乳喂养可分为母乳喂养、混合喂养和人工喂养，不同的喂养方式要讲究不同的方法。

优先选择母乳喂养

母乳是婴儿理想的食物，几乎可以满足其成长所需的全部营养和抗体，而且母乳喂养天然、卫生、安全、方便、经济。每一位妈妈都应尽自己的能力坚持母乳喂养。

四种常见的哺乳姿势

· 摇篮式

妈妈将宝宝抱在怀里，一手支撑住宝宝的头和身体，另一只手托着乳房，将乳头和大部分乳晕送到宝宝口中。

· 交叉摇篮式

当宝宝吮吸左侧乳房时，妈妈用右手扶住宝宝的头颈处，轻轻托住宝宝，左手可以自由活动，帮助宝宝更好地吮吸。右侧同理。

· 侧卧式

妈妈身体侧卧，可用枕头垫在头下，宝宝和妈妈面对面侧躺，妈妈用一只手托着乳房，让宝宝的嘴对着妈妈乳头进行吮吸。

· 橄榄球式

妈妈将宝宝夹在腋下抱着，用前臂支撑宝宝的背，用手托住宝宝头颈部，让宝宝的嘴靠近乳头，可以利用枕头调整高度。

人工喂养，不得已的选择

当新妈妈因各种原因不能用母乳喂养宝宝时，那只能选择配方乳喂养，这种方式被称为人工喂养。人工喂养应注意根据宝宝的生长发育需要选择合适的优质配方乳。

特殊情况下，选择混合喂养

如果新妈妈由于乳汁分泌不足或其他原因不能完全纯母乳喂养时，可以选择母乳和配方乳混合喂养的方式。混合喂养应先喂母乳，没有母乳再喂配方乳。

妈妈喂养指导

哺乳过程中，妈妈可能会碰到各种各样的问题，尤其是没有哺乳经验的妈妈。需不需要给宝宝补充水分？维生素D该不该补？宝宝吸吮乳汁只含住乳头又该如何解决呢？下面我们来一一解答。

不同喂养方式的宝宝如何补充水分

在没有添加辅食的阶段，母乳喂养的宝宝通常不需要补水，这是因为母乳中含有充足的水分，可以满足宝宝所需。如果是混合喂养或人工喂养的宝宝，在两次哺喂之间需要适当补充一些水，这样才能保证宝宝的健康发育。如果宝宝因大汗、腹泻、呕吐等丢失水分，不管是何种喂养方式，都要给宝宝适当补水。

按需求适量补充维生素D

一般情况下，单靠母乳中维生素D的含量不能满足宝宝的生理需要，因此母乳喂养和混合喂养的宝宝一般需要额外补充适量的维生素D。一般来说，从宝宝出生后1～2周开始，直到2岁，每天可补充10～25微克的维生素D，可以通过喂宝宝吃鱼肝油或维生素D剂的方式补充。在天气晴朗、温度适宜时，爸爸妈妈也可以抱着宝宝去室外晒晒太阳，有助于体内维生素D的合成。

让宝宝含住乳晕的方法

正确的含乳姿势是宝宝含住妈妈的乳头及大部分乳晕，宝宝的下唇会向后翻卷，嘴巴周围的肌肉也会有节律地收缩，吮吸乳汁时脸蛋会鼓起。妈妈可以先用手指或乳头轻触宝宝的嘴唇，他会本能地张大嘴巴，寻找乳头。这时，用拇指顶住乳房上方的乳晕，用其他手指和手掌在下方托住乳房，趁宝宝张大嘴巴，直接把乳头和乳晕送进宝宝的嘴巴。一旦确认宝宝含住乳晕，就抱紧宝宝，让他紧紧贴着自己。

催乳食谱推荐

哺乳茶

原料｜王不留行、川芎、通草、当归各 5 克，干木瓜 10 克，枸杞、红枣各适量

做法

1 将所有药材放在流动的水下冲洗 5 分钟。
2 将药材、干木瓜和红枣用纱布袋包起来，待用。
3 砂锅中注入 1000 毫升清水，放入纱布袋、枸杞。
4 盖上盖，大火烧开后转小火熬煮约 30 分钟，至汁水剩下一半。
5 盛出煮好的汁水，待稍凉后即可饮用。

调理功效

本品适宜顺产妈妈饮用。可以疏通乳腺，对乳腺堵塞、气血瘀滞引起的乳汁缺乏有帮助。

通草奶

原料｜通草 15 克，鲜奶 500 毫升
调料｜白糖 5 克

做法

1 锅置于火上，倒入鲜奶。
2 加入通草，拌匀，大火煮至沸腾。
3 加入白糖，稍稍搅拌至入味。
4 关火后将煮好的通草奶装入杯中即可。

扫一扫二维码
催乳食谱轻松学

调理功效

　　如果新妈妈产后乳少、乳汁不通，服用通草可以起到催奶的作用，且不会刺激身体机能，安全无副作用。

猪蹄通草粥

原料 | 猪蹄 350 克，水发大米 180 克，通草 2 克，姜片少许
调料 | 盐 2 克，白醋 4 毫升

做法

1 砂锅中注水烧开，倒入猪蹄、白醋，大火煮沸，汆去血水。
2 把汆过水的猪蹄捞出，备用。
3 砂锅中注水烧开，倒入猪蹄、姜片、通草和泡发好的大米，拌匀。
4 盖上盖，烧开后用小火炖煮 30 分钟至大米熟烂。
5 揭盖，加入适量盐拌匀调味。
6 把粥盛出，装入汤碗中即可。

调理功效

　　猪蹄含有多种营养成分，可改善身体微循环，同时具有下奶功效，与粥同煮，口味清淡、易于吸收。

鲜奶猪蹄汤

原料 | 猪蹄 200 克，红枣 10 克，牛奶 80 毫升，高汤适量

做法

1 锅中注水烧开，放入洗净切好的猪蹄，煮约 5 分钟，氽去血水。
2 捞出氽好的猪蹄，过冷水，待用。
3 砂锅中注入高汤烧开，放入氽好的猪蹄和红枣，拌匀。
4 盖上锅盖，用大火煮约 15 分钟，转小火煮约 1 小时，至食材软烂。
5 打开锅盖，倒入牛奶，拌匀，煮至汤水沸腾。
6 关火后盛出煮好的汤料，装入碗中即可。

调理功效

猪蹄含有蛋白质、多种维生素、碳水化合物、钙、磷等多种营养成分，不仅具有下奶功效，还能补虚弱、安神助眠。

Part3

7~9个月，尝试添加辅食

奶水虽美味，此时却难以满足宝宝日益增加的营养需求。
等到宝宝发出辅食添加的种种信号、想要初尝食物味道时，
妈妈就可以尝试着给宝宝添加辅食啦！

生长发育情况

生理发育指标		7 个月	8 个月	9 个月
体重 (kg)	男孩	8.5 ~ 8.8	8.9 ~ 9.1	9.2 ~ 9.3
	女孩	7.8 ~ 8.1	8.2 ~ 8.4	8.5 ~ 8.7
身高 (cm)	男孩	68.5 ~ 69.8	69.9 ~ 71.2	71.3 ~ 72.6
	女孩	66.9 ~ 68.2	68.3 ~ 69.6	69.7 ~ 71.0
头围 (cm)	男孩	43.7 ~ 44.2	44.3 ~ 44.8	44.9 ~ 45.3
	女孩	42.5 ~ 43.1	43.2 ~ 43.6	43.7 ~ 44.1
胸围 (cm)	男孩	40.7 ~ 49.1	41.3 ~ 49.5	41.6 ~ 49.6
	女孩	39.7 ~ 47.7	40.7 ~ 48.6	40.8 ~ 48.7
牙齿咀嚼功能		大部分宝宝开始出牙，牙床会痒或疼；喜欢捡起周围的东西放到嘴里。	多数宝宝已出牙，一般先长出2颗下门牙，后长出2颗上门牙。	可吃捣碎的蔬果或煮好的米糊。
体能发育情况		能独坐超过10分钟；能向前俯抓更多东西并在两手互换；可自由翻滚。	坐时能同时拿起两个东西；会拍手、摇手、爬行；能准确用手抓住物体。	会拿着瓶子和杯子；会双手拿着东西互相拍打；会用手指指想要的东西。

 # 每日营养需求

能量	蛋白质	脂肪	烟酸	叶酸	维生素 A
397 千焦/千克体重（非母乳喂养加20%）	1.5 ~ 3克/千克体重	总能量的35% ~ 40%	3 毫克	80 微克	400 微克
维生素 B$_1$	维生素 B$_2$	维生素 B$_6$	维生素 B$_{12}$	维生素 C	维生素 D
0.3 毫克	0.5 毫克	0.3 毫克	0.5 微克	50 毫克	10 微克
维生素 E	钙	铁	锌	镁	磷
3 毫克	400 毫克	10 毫克	5 毫克	65 毫克	300 毫克

辅食添加攻略

从这个月开始，妈妈可以根据宝宝的发育情况和身体状况给他尝试添加辅食了，这里有初次添加辅食的攻略，希望对新手妈妈有所帮助。

可以给宝宝添加辅食的条件

一般来说，如果宝宝满足以下几个条件，妈妈就可以给他添加辅食了。

身体无恙；　　能够自由地控制头部；　　能够坐起，并慢慢能坐稳；

开始学会咀嚼，吞咽功能逐渐完善；　　不会对伸进嘴的勺子产生抗拒。

初次添加辅食的方法

第一次添加辅食越顺利，宝宝对辅食的接受度也会越高。因此，掌握正确的方法很重要。

时间：上午10点左右，宝宝睡了一觉心情较好，而且离午餐还有一段时间。

辅食：婴儿米粉营养丰富，过敏的概率低，是初次添加辅食的首选。

方法：由妈妈亲自用婴儿专用的小勺盛半勺米粉，面带微笑地喂给宝宝吃。

可添加的辅食质地与食物形态

除了婴儿米粉外，第一次给宝宝的辅食，尽量做成液态，如米汤、稀释10倍的稀粥等。

妈妈喂养指导

由于是第一次给宝宝喂辅食，妈妈可能有很多细节还不够了解，这里提供了喂养指导，能帮助妈妈和宝宝更顺利地添加辅食。

先喂辅食再喂奶

先喂辅食，紧接着喂奶，让宝宝一次吃饱。喂完辅食后宝宝不想喝奶，不须强喂。

密切观察宝宝吃辅食后的反应

由于宝宝是初次尝试奶之外的食物味道，因此，妈妈在添加辅食后，还要密切观察宝宝的反应，包括大小便情况、有无过敏等，并适时进行调整。

本阶段食谱推荐

菠菜水

原料 | 菠菜 60 克

1 将洗净的菠菜切去根部，再切成长段，备用。

2 砂锅中注入适量清水烧开，放入切好的菠菜，拌匀。

3 盖上盖，烧开后用小火煮约 5 分钟至其营养成分析出。

4 揭盖，关火后盛出煮好的汁水，装入杯中即可。

扫一扫二维码
宝宝辅食轻松学

妈妈喂养经

　　菠菜中含有胡萝卜素、铁等多种营养素，为确保营养成分充分析出，制作菜水时，要将菠菜煮烂。

焦米汤

原料 | 大米 140 克

扫一扫二维码
宝宝辅食轻松学

做法

1 锅置火上，倒入备好的大米，炒出香味。
2 转小火，炒至米粒呈焦黄色，关火盛出待用。
3 砂锅中注入适量清水烧热，倒入炒好的大米，搅拌匀。
4 盖上盖子，烧开后用小火煮约 35 分钟，至食材析出营养物质。
5 揭盖，搅拌几下，关火后盛出煮好的米汤。
6 滤在小碗中，稍微冷却后饮用即可。

妈妈喂养经

将大米炒焦的过程中，大米不宜沾水，否则米粒很容易炒至夹生，熬煮的过程中可以适当搅拌，以免糊锅。

清淡米汤

原料 | 水发大米 90 克

做法

1 砂锅中注水烧开，倒入洗净的大米，拌匀。

2 盖上盖，烧开后用小火煮 20 分钟，至米粒熟软。

3 揭盖，搅拌均匀。

4 将煮好的粥滤入碗中

5 待米汤稍微冷却后即可饮用。

扫一扫二维码
宝宝辅食轻松学

妈妈喂养经

　　将大米提前浸泡可以缩短烹饪时间，但时间不宜过长，以30分钟左右为宜，以免米中营养成分流失。

黄瓜米汤

原料 | 水发大米 120 克，黄瓜 90 克

做法

1 洗净的黄瓜切成片，再切丝，改切成碎末，备用。
2 砂锅中注入适量清水烧开，倒入洗好的大米，搅拌匀。
3 盖上锅盖，烧开后用小火煮 1 小时至其熟软。
4 揭盖，倒入黄瓜，拌匀，加盖用小火续煮 5 分钟。
5 揭开锅盖，搅拌一会儿，将煮好的米汤盛出，装入碗中即可。

妈妈喂养经

黄瓜倒入锅中稍煮片刻即可，以免煮制时间过久，破坏其营养成分，滤好的米汤放凉后即可喂给宝宝食用。

蔬菜米汤

原料 | 土豆 100 克，胡萝卜 60 克，水发大米 90 克

做法

1 把洗净的土豆、胡萝卜切片，切成丝，改切成粒。

2 汤锅中注水烧开，倒入水发好的大米。

3 加入切好的土豆、胡萝卜，搅拌匀。

4 盖上盖，用小火煮 30 分钟至食材熟透。

5 揭盖，把锅中材料盛在滤网中，滤出米汤，放在碗中。

6 待凉后饮用即成。

扫一扫二维码
宝宝辅食轻松学

妈妈喂养经

　　为了保证米汤的口感，煮制时，要不时搅拌，以免糊锅；蔬菜也可以换成其他种类。

苹果泥

原料 | 苹果 30 克

做法

1 将洗净的苹果削去外皮，去核。
2 把苹果剁成小丁，装入蒸盘待用。
3 蒸锅注水烧开，放入蒸盘。
4 盖上盖，用中火蒸至熟软。
5 揭开盖，取出蒸好的苹果泥，放凉即可。

妈妈喂养经

如果是刚开始给宝宝尝试苹果泥，妈妈可准备一个研磨器，将蒸好的苹果碾成泥，并用适量温开水稀释 2 ~ 3 倍。

鸡肉糊

原料 鸡胸肉30克，米糊、奶粉各适量

做法

1 将鸡胸肉划开，去膜，再放入开水中，汆5分钟，捞出，放凉。

2 将放凉的鸡胸肉切碎，备用。

3 锅中放入适量的清水，倒入米糊、奶粉，不断搅拌，放入鸡胸肉碎，转中火，盖上盖，煮约5分钟。

4 关火，将锅中的鸡肉糊装入碗中即可。

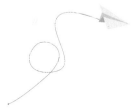

扫一扫二维码
宝宝辅食轻松学

妈妈喂养经

如果妈妈不知道加入多少清水比较合适，可以借助量匙，一般加入3大勺量匙的水就可以了。

南瓜米粉

原料 | 南瓜 300 克，米粉 20 克

做法

1 洗净去皮的南瓜切成片，待用。
2 蒸锅上火烧开，放入南瓜，蒸至熟软。
3 关火后揭开锅盖，将南瓜取出，放凉待用。
4 将少量的凉开水倒入米粉中，搅拌均匀，待用。
5 用刀将南瓜压成泥状，装入盘中，备用。
6 将南瓜泥放入米粉中，搅拌均匀。
7 注入适量沸水，边倒边搅拌。
8 将拌好的米粉装入碗中即可。

扫一扫二维码
宝宝辅食轻松学

妈妈喂养经

将南瓜泥放入米粉中时，要充分调匀，
待米粉完全调开之后再加入沸水，否则很容易
结块，宝宝食用后难以消化。

胡萝卜汁米粉

原料 │ 胡萝卜135克，米碎60克

1 将去皮洗净的胡萝卜切开，再切成细条形，改切成末。

2 锅中注水烧开，倒入胡萝卜，焯熟后捞出，待用。

3 取榨汁机，选择搅拌刀座组合，倒入适量清水和胡萝卜，搅拌制成汁水。

4 汤锅置于火上，倒入胡萝卜汁，盖上锅盖，用小火煮约2分钟。

5 取下盖子，倒入米碎，搅拌匀，使其浸入汁水中。

6 用小火续煮一会至食材呈米糊状。

7 关火后盛出煮好的米糊，装在碗中即成。

妈妈喂养经

如果是月龄较大的宝宝，可以直接食用胡萝卜小丁，没有必要完全切成末，但要确保小丁煮至软烂，以免影响消化吸收。

一周食谱举例

餐次 周次	第1顿	第2顿	第3顿	第4顿	加餐	第5顿	第6顿
周一	母乳或配方乳	母乳或配方乳	菠菜水	母乳或配方乳	焦米汤	母乳或配方乳	母乳或配方乳
周二	母乳或配方乳	母乳或配方乳	原味米粉	母乳或配方乳	青菜水	母乳或配方乳	母乳或配方乳
周三	母乳或配方乳	母乳或配方乳	胡萝卜汁米粉	母乳或配方乳	黄瓜米汤	母乳或配方乳	母乳或配方乳
周四	母乳或配方乳	母乳或配方乳	蔬菜米汤	母乳或配方乳	苹果泥	母乳或配方乳	母乳或配方乳
周五	母乳或配方乳	母乳或配方乳	南瓜米粉	母乳或配方乳	香蕉泥	母乳或配方乳	母乳或配方乳
周六	母乳或配方乳	母乳或配方乳	鸡肉糊	母乳或配方乳	清淡米汤	母乳或配方乳	母乳或配方乳
周日	母乳或配方乳	母乳或配方乳	土豆稀粥	母乳或配方乳	黄瓜水	母乳或配方乳	母乳或配方乳

 注意

◆ 给宝宝喂食适量鱼肝油，每天1次。

◆ 添加辅食后，可以适量喂温白开水。

◆ 所添加的辅食的量可以根据宝宝的进食情况和月龄适当调整。

Part4

10 ～ 12 个月，
慢慢习惯辅食

宝宝长到 10 个月后，已经长出了几颗小牙齿。
妈妈可以给他提供更多种类和质地的辅食了，
让宝宝慢慢习惯辅食的味道，但是记得不要加调料哦！

生长发育情况

生理发育指标		10 个月	11 个月	12 个月
体重（kg）	男孩	9.4 ~ 9.6	9.7 ~ 9.8	9.9 ~ 10.1
	女孩	8.8 ~ 8.9	9.0 ~ 9.2	9.3 ~ 9.4
身高（cm）	男孩	72.7 ~ 74.0	74.1 ~ 75.3	75.4 ~ 76.5
	女孩	71.1 ~ 72.4	72.5 ~ 73.7	73.8 ~ 75.0
头围（cm）	男孩	45.4 ~ 45.7	45.8 ~ 46.1	46.2 ~ 46.4
	女孩	44.2 ~ 44.5	44.6 ~ 44.9	45.0 ~ 45.1
胸围（cm）	男孩	42.0 ~ 50.0	42.2 ~ 50.2	42.9 ~ 50.5
	女孩	40.9 ~ 48.8	41.1 ~ 49.1	41.4 ~ 49.4
牙齿咀嚼功能		一般已长出 4 ~ 6 颗牙齿，出牙较晚的宝宝也长出了第一颗牙齿。	宝宝普遍长出 8 颗乳牙，能咀嚼较硬的食物了。	能用牙齿或牙床咀嚼食物，如饼干等。
体能发育情况		能迅速爬行，有时候还能独自站立片刻；逐渐学会随意打开手指。	已经能牵着家长的一只手走路了，并能扶着推车向前或转弯。	能站起、坐下，站着时能弯下腰去捡东西；能扭动身体抓背后的物体。

每日营养需求

能量	蛋白质	脂肪	烟酸	叶酸	维生素 A
397 千焦 / 千克体重（非母乳喂养加 20%）	1.5 ~ 3 克 / 千克体重	总能量的 35% ~ 40%	3 毫克	80 微克	400 微克
维生素 B_1	维生素 B_2	维生素 B_6	维生素 B_{12}	维生素 C	维生素 D
0.4 毫克	0.5 毫克	0.6 毫克	0.5 微克	50 毫克	10 微克
维生素 E	钙	铁	锌	镁	磷
3 毫克	500 毫克	10 毫克	8 毫克	70 毫克	300 毫克

辅食添加攻略

宝宝添加辅食已经有一段时间了，到这个阶段，妈妈要让宝宝慢慢习惯辅食，逐渐养成正常的进食习惯和规律。希望以下攻略可以给妈妈们一些帮助。

可以让宝宝过渡到这一阶段的条件

一般来说，当宝宝满足以下条件，妈妈就可以按本阶段的攻略给宝宝准备辅食了。

| 可以咀嚼软硬程度如豆腐的块状物； | 能做出用牙龈咬碎香蕉的动作； |
| 每次能吃下宝宝专用碗装的一碗食物； | 每天两顿辅食能很开心地吃。 |

本阶段宝宝吃辅食的方法

减少奶的摄入量，吃辅食的次数可逐渐过渡到一天三次，并将用餐时间固定在30分钟内；食物种类和造型可以更丰富，以提高宝宝吃辅食的兴趣。

可添加的辅食质地与食物形态

这一阶段宝宝所吃的辅食可以从液体过渡到半固体形态了，像泥、糊、粥等质地的辅食可以广泛地添加，同时还可以丰富食材种类。

妈妈喂养指导

本阶段妈妈可以做一些新尝试，比如多变换食谱，让宝宝增加对辅食的兴趣。

让宝宝再次尝试之前过敏的食材

宝宝长到这一阶段，肠胃功能比之前完善了许多，对食物的过敏反应也相对降低。妈妈可以让宝宝再次尝试少许之前过敏的食材，看看是否还会发生过敏反应。

为长牙的宝宝准备磨牙食物

随着牙齿的萌出，宝宝会越来越喜欢有口感的磨牙食物，妈妈可以选择香蕉薄片、婴儿饼干、小块红薯等，让宝宝尝试。

 本阶段食谱推荐

奶香土豆泥

原料 | 土豆 250 克，配方奶粉 15 克

做法

1 将适量开水倒入配方奶粉中，搅拌均匀。
2 洗净去皮的土豆切成片，待用。
3 蒸锅上火烧开，放入土豆。
4 盖上锅盖，用大火蒸 30 分钟至其熟软。
5 关火后揭开锅盖，将土豆取出，放凉待用。
6 用刀背将土豆压成泥，放入碗中。
7 再将调好的配方奶倒入土豆泥中，搅拌均匀。
8 将做好的土豆泥倒入碗中即可。

扫一扫二维码
宝宝辅食轻松学

 奶妈喂养经

　　在切土豆片的时候可以切得薄一些，更容易蒸熟，缩短烹饪时间，奶粉冲调时要充分搅匀，以免结块。

水果泥

原料 | 哈密瓜120克，西红柿150克，香蕉70克

做法

1 洗净去皮的哈密瓜去籽，切成小块，剁成末。

2 洗好的西红柿切开，切成小瓣，再剁成末，备用。

3 香蕉去除果皮，把果肉压碎，剁成泥，备用。

4 取一个大碗，倒入西红柿、香蕉。

5 放入哈密瓜，搅拌均匀。

6 取一个干净的小碗，盛入拌好的水果泥即可。

扫一扫二维码
宝宝辅食轻松学

妈妈喂养经

水果泥不仅含有丰富的营养素，还会增加宝宝的食欲。选用的水果可以换成宝宝喜欢的其他种类。

鸡汁拌土豆泥

原料 | 土豆 300 克，鸡汁 100 毫升

做法

1 去皮洗净的土豆切大块，装盘待用。

2 蒸锅中注水烧开，放入切好的土豆，加盖，用大火蒸至熟软。

3 揭盖，取出蒸好的土豆，放置一旁放凉，待用。

4 备一保鲜袋，装入土豆按压成泥状，取出装盘待用。

5 锅中倒入鸡汁，开火加热，放入土豆泥，搅拌均匀至收汁。

6 关火后盛出拌好的土豆泥，装盘即可。

妈妈喂养经

如果宝宝月龄偏大，妈妈也可以将土豆制作成颗粒稍大的小粒，以适应宝宝的口腔发育特点，锻炼咀嚼能力。

牛肉糊

原料 | 牛肉 35 克，水发大米 80 克

 做法

1 洗净的牛肉切碎，待用。

2 奶锅置于火上，倒入泡发好的大米、牛肉碎，拌匀。

3 注入开水，搅拌至米粒透明。

4 再注入适量开水，煮至米汤呈糊状。

5 关火后盛出煮好的牛肉糊，装入碗中，放凉待用。

6 取榨汁机，倒入放凉的牛肉糊，榨汁后滤入碗中。

7 奶锅置于火上，倒入牛肉糊，加热片刻，盛出即可。

扫一扫二维码
宝宝辅食轻松学

 妈妈喂养经

为了给予宝宝更多营养，在制作米糊的过程中可以加入适量切碎的胡萝卜或者青菜。

鸡肉橘子米糊

原料 | 水发大米 130 克，橘子肉 60 克，鸡胸肉片 40 克

扫一扫二维码
宝宝辅食轻松学

做法

1 沸水锅中倒入鸡胸肉片，汆至七成熟，捞出待用。

2 橘子肉剥去外膜，取出瓤肉，捏碎；鸡胸肉片切碎。

3 取出榨汁机，揭盖，倒入大米和适量清水，榨成米浆。

4 砂锅置火上，倒入米浆，搅匀加盖，大火煮开后转小火煮成米糊。

5 揭盖，倒入鸡胸肉、橘子瓤肉搅匀，续煮至食材熟软。

6 关火后盛出煮好的米糊，装碗即可。

妈妈喂养经

如果宝宝正处于出牙阶段，妈妈在制作辅食时，可以将鸡胸肉、橘子肉稍微切大一些，充分咀嚼，缓解出牙不适。

苹果柳橙稀粥

原料 | 水发米碎 80 克, 苹果 90 克, 橙汁 100 毫升

做法

1 洗净去皮的苹果切开, 去核, 改切成小块。
2 取榨汁机, 倒入苹果块, 选择搅拌刀座组合, 打成苹果泥, 待用。
3 砂锅中注水烧开, 倒入米碎, 拌匀。
4 盖上盖, 烧开后用小火煮约 20 分钟。
5 揭开盖, 倒入橙汁和苹果泥, 拌匀煮至沸。
6 关火后盛出煮好的稀粥即可。

扫一扫二维码
宝宝辅食轻松学

妈妈喂养经

取榨汁机, 选择搅拌刀座组合, 将大米打成米碎, 可以缩短煮粥时间, 同时也有利于宝宝消化吸收。

苹果土豆粥

原料｜水发大米 130 克，土豆 40 克，苹果肉 65 克

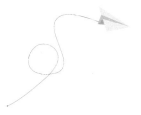 做法

1 将洗好的苹果肉切成丁；土豆切片，再切碎，待用。
2 砂锅中注入适量清水烧开，倒入洗净的大米，搅匀。
3 盖上盖，烧开后转小火煮约 40 分钟，至米粒熟软。
4 揭盖，倒入土豆碎，拌匀，煮至断生，再放入苹果，拌匀，煮至散出香味。
5 关火后盛入碗中即可。

扫一扫二维码
宝宝辅食轻松学

妈妈喂养经

　　将大米提前用水浸泡可以缩短煮制的时间，倒入土豆碎后要不时搅拌，以免糊锅，影响口感。

金针菇白菜汤

原料｜白菜心 55 克，金针菇 60 克，淀粉 20 克
调料｜芝麻油少许

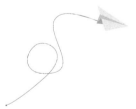 做法

1 洗好的白菜心切碎；金针菇切成小段，待用。
2 往淀粉中加入适量的清水，拌匀，即成水淀粉，待用。
3 奶锅注水烧开，倒入白菜心、金针菇，搅拌片刻，煮至汤汁减半。
4 倒入水淀粉，搅拌至汤汁浓稠；再淋上少许芝麻油，搅拌均匀。
5 关火后将煮好的汤盛出，装入碗中。

扫一扫二维码
宝宝辅食轻松学

妈妈喂养经

　　调制淀粉时，用勺子沿同一方向搅拌至水淀粉均匀，倒入锅中时要边倒边搅拌，可以更好地混匀。

土豆稀饭

原料 | 土豆 70 克，胡萝卜 65 克，菠菜 30 克，稀饭 160 克
调料 | 食用油少许

扫一扫二维码
宝宝辅食轻松学

做法

1 锅中注水烧开，倒入菠菜，焯至变软，捞出备用。

2 将菠菜切碎；洗净的土豆、胡萝卜切成粒。

3 煎锅置于火上，倒入食用油烧热，放入土豆、胡萝卜，炒匀炒香。

4 注入适量清水，倒入稀饭，放入切好的菠菜，炒匀炒香。

5 大火煮至食材熟透，关火后盛出煮好的稀饭即可。

妈妈喂养经

菠菜中含有草酸，进入人体内会影响宝宝对钙元素的吸收，因此食用前要提前焯一会儿，去掉多余的草酸。

一周食谱举例

餐次 周次	第1顿	第2顿	第3顿	第4顿	加餐	第5顿	第6顿
周一	母乳或配方乳	奶香土豆泥	大米汤	母乳或配方乳	水果泥	西红柿稀粥	母乳或配方乳
周二	母乳或配方乳	苹果稀饭	菠菜米粉	母乳或配方乳	猕猴桃汁	鸡肉碎米粥	母乳或配方乳
周三	母乳或配方乳	猪肝泥	金针菇白菜汤	母乳或配方乳	胡萝卜汁	鸡肉橘子米糊	母乳或配方乳
周四	母乳或配方乳	牛肉糊	土豆稀饭	母乳或配方乳	西红柿汁	小米粥	母乳或配方乳
周五	母乳或配方乳	肉末米汤	胡萝卜米糊	母乳或配方乳	玉米汁	红薯粥	母乳或配方乳
周六	母乳或配方乳	西兰花米粉	苹果土豆粥	母乳或配方乳	香蕉泥	土豆米粉	母乳或配方乳
周日	母乳或配方乳	鸡汁拌土豆泥	紫薯米汤	母乳或配方乳	苹果汁	上海青米糊	母乳或配方乳

◆ 给宝宝喂食适量鱼肝油，每天1次。

◆ 第3顿和第5顿所添加的辅食可以适当多一些。

Part5

13 ～ 18 个月，
逐渐爱上辅食

时光飞逝，不知不觉间，宝宝满一周岁了。
无论是牙齿发育还是动作能力，都有了很大的发展。
这时的妈妈应该让宝宝自己学着吃饭，相信他一定会爱上
辅食的味道！

生长发育情况

生理发育指标		13 ~ 15 个月	16 ~ 18 个月
体重（kg）	男孩	10.2 ~ 10.7	10.8 ~ 11.3
	女孩	9.5 ~ 10.0	10.1 ~ 10.7
身高（cm）	男孩	76.6 ~ 79.8	79.9 ~ 82.7
	女孩	75.1 ~ 78.5	78.6 ~ 81.5
头围（cm）	男孩	46.5 ~ 47.0	47.1 ~ 47.6
	女孩	45.2 ~ 45.8	45.9 ~ 46.4
胸围（cm）	男孩	47.1 ~ 50.8	51.4 ~ 52.8
	女孩	46.1 ~ 50.7	47.3 ~ 51.7
牙齿咀嚼功能		该阶段是宝宝长牙的关键时期，1 岁前后开始长出板牙，15 个月的宝宝绝大多数已经长出了 8 颗牙齿（上、下切牙各 4 颗），16 ~ 18 个月开始长出尖牙，18 个月大多已长出 10 ~ 16 颗牙齿。	
体能发育情况		能够独自走路，而且不容易跌倒，逐渐能自己动手吃饭了；可以手握笔在纸上或者墙上乱画；能从瓶子中取出小丸；能用积木搭起四层塔；还学会了用手从一个方向把书页翻过去，每次能翻 2 ~ 3 页。	

每日营养需求

能量	蛋白质	脂肪	烟酸	叶酸	维生素 A
438 千焦/千克体重（非母乳喂养加 20%）	3.5 克/千克体重	总能量的 35% ~ 40%	6 毫克	150 微克	400 微克
维生素 B$_1$	维生素 B$_2$	维生素 B$_6$	维生素 B$_{12}$	维生素 C	维生素 D
0.6 毫克	0.6 毫克	0.5 毫克	0.9 微克	60 毫克	10 微克
维生素 E	钙	铁	锌	镁	磷
4 毫克	600 毫克	12 毫克	9 毫克	100 毫克	450 毫克

辅食添加攻略

宝宝越来越喜欢吃辅食了，这一阶段妈妈该怎么为宝宝添加合适的辅食，才能适应其需求呢？不妨看看下面的攻略。

可以让宝宝过渡到这一阶段的条件

一般来说，当宝宝满足以下条件，妈妈就可以让宝宝的辅食过渡到这一阶段了。

| 一日三次辅食都能好好吃； | 能用牙咬碎同香蕉般硬度的食物； |
| 尝试用手抓着吃。 | |

本阶段宝宝吃辅食的方法

这一阶段主要是让宝宝适应一日三餐的进餐模式；吃辅食时要让宝宝坐在餐椅中，妈妈可以协助宝宝学习吃饭。

可添加的辅食质地与食物形态

本阶段宝宝可以接受一些成形的固体食物，可提供硬度如香蕉，体积大一些的食物，如软米饭、面条、粥、饼干等。

妈妈喂养指导

本阶段妈妈要让宝宝自己吃饭，快给他准备好造型多变的辅食和漂亮的餐具吧！

让辅食造型多变

妈妈可以尝试用尽可能多的食材给宝宝准备不同造型、色彩的食物，以提高宝宝的进食乐趣，同时还能锻炼宝宝的想象力和创造力，把宝宝培养成爱吃饭的好孩子。

给宝宝准备专门的餐具

妈妈给宝宝准备好婴幼儿专用餐椅，可以避免他在吃饭时到处跑，不专心进食。同时也要为宝宝准备适合他的餐具，让宝宝学会自己使用餐具进食。

不要阻止宝宝手抓食物

手抓食物能锻炼宝宝肢体的动作能力，还能增加对辅食的兴趣，因此，妈妈不要阻止。

本阶段食谱推荐

奶香苹果汁

原料 | 苹果 100 克，纯牛奶 120 毫升

做法

1 洗净的苹果取果肉，切小块。
2 取榨汁机，选择搅拌刀座组合，倒入切好的苹果。
3 注入适量的纯牛奶，盖好盖子。
4 选择"榨汁"功能，榨取果汁。
5 断电后倒出果汁，装入杯中即成。

妈妈喂养经

如果宝宝对牛奶中的乳糖不耐受，可以将纯牛奶换成酸奶，口感酸酸甜甜，宝宝也会很爱喝。

牛奶豌豆泥

原料 | 牛奶 400 毫升，豌豆 150 克

1 锅中注水烧开，倒入豌豆，加盖，大火将豌豆煮熟。
2 掀盖，将豌豆捞出放入凉水中，搓去豌豆皮，将豌豆捞出沥干。
3 备好榨汁机，组装好搅拌刀座，倒入豌豆，加入牛奶。
4 盖上盖，启动榨汁机，将豌豆打制成泥。
5 掀开机盖，将豌豆泥盛出装入碗中即可。

妈妈喂养经

　　提前将豌豆用水浸泡，可以缩短烹饪时间；为了避免宝宝消化不良，要将豌豆皮全部剥掉。

胡萝卜豆腐泥

原料 | 胡萝卜85克，鸡蛋1个，豆腐90克
调料 | 盐少许，水淀粉3毫升

做法

1 把鸡蛋打入碗中，用筷子打散，调匀。

2 洗好的胡萝卜切成丁；豆腐切小块。

3 把胡萝卜放入烧开的蒸锅中，中火蒸至七成熟。

4 揭开锅盖，把豆腐放入蒸锅中，加盖，继续蒸至胡萝卜和豆腐完全熟透。

5 揭盖，取出食材，胡萝卜剁成泥状，豆腐用刀压烂。

6 汤锅中注入适量清水，放入盐，倒入胡萝卜泥、豆腐泥，拌匀煮沸。

7 倒入备好的蛋液，搅匀煮开，加入适量水淀粉，快速搅拌均匀。

8 将煮好的泥糊盛出，装入碗中即可。

妈妈喂养经

胡萝卜含有多种营养素，对宝宝的身体发育有利，如果宝宝不喜欢，可以加入一些肉末，既能遮盖味道，营养也更全面。

鸡肝糊

原料｜鸡肝 150 克，鸡汤 85 毫升
调料｜盐少许

做法

1 将洗净的鸡肝装入盘中，放入烧开的蒸锅中，加盖，中火蒸熟。
2 将鸡肝取出，放凉后用刀压烂，剁成泥状。
3 把鸡汤倒入汤锅中，煮沸，转中火，倒入备好的鸡肝。
4 用勺子拌煮成泥状，加入少许盐，继续搅匀，至其入味。
5 关火，将煮好的鸡肝糊倒入备好的碗中即可。

扫一扫二维码
宝宝辅食轻松学

妈妈喂养经

洗净的鸡肝上锅蒸之前，应用清水浸泡半小时，以溶解、去除鸡肝里的毒素；年龄稍大一些的宝宝，可以食用鸡肝粒。

藕丁西瓜粥

原料｜莲藕 150 克，西瓜、大米各 200 克

扫一扫二维码
宝宝辅食轻松学

做法

1 洗净去皮的莲藕切成丁；西瓜切瓣，去皮，再切成块，备用。
2 砂锅中加水烧热，倒入洗净的大米，搅匀。
3 盖上锅盖，煮开后转小火煮 40 分钟至其熟软。
4 揭开锅盖，倒入藕丁、西瓜，加盖续煮 20 分钟。
5 揭开锅盖，搅拌均匀，关火后将煮好的粥盛入碗中即可。

妈妈喂养经

　　妈妈在切莲藕丁时，应避免大小不一，以免难以煮熟，影响口感。莲藕具有健脾开胃的功效，适合宝宝食欲不振的时候食用。

牛肉胡萝卜粥

原料 | 水发大米 80 克，胡萝卜 40 克，牛肉 50 克

做法

1 洗净的胡萝卜切丝，洗好的牛肉切片。
2 沸水锅中倒入牛肉片，汆去血水后捞出，装碟放凉。
3 将放凉的牛肉切碎。
4 砂锅注水烧热，倒入牛肉碎、大米，炒至食材熟透。
5 放入胡萝卜丝，翻炒至断生。
6 注入适量清水，搅匀加盖，大火煮开后转小火，煮至食材熟软。
7 揭盖，搅拌一下，关火后盛出煮好的粥，装碗即可。

扫一扫二维码
宝宝辅食轻松学

妈妈喂养经

大米提前用水泡发可以缩短煮粥时间，如果想要煮好的粥变得黏稠，可以在关火后不揭锅盖，继续焖5分钟。

鸡肝圣女果米粥

原料｜水发大米100克，圣女果70克，小白菜60克，
鸡肝50克

调料｜盐少许

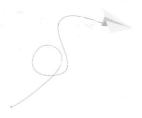 做法

1 锅中注水烧开，放入小白菜，焯片刻，捞出备用。

2 倒入圣女果，烫约半分钟捞出，沥干水分，备用。

3 再把鸡肝放入沸水锅中，盖上锅盖，待鸡肝熟透后
捞出。

4 将小白菜剁成末；圣女果去皮，剁成细末；鸡肝压碎，
剁成泥。

5 汤锅中注水烧开，倒入大米，轻轻搅拌，使米粒散开。

6 盖上盖子，煮沸后用小火煮约30分钟至米粒熟软。

7 取下盖子，倒入切好的圣女果和鸡肝泥。

8 加入盐搅拌匀，续煮片刻至入味。

9 关火后盛出煮好的粥，撒上小白菜末即成。

扫一扫二维码
宝宝辅食轻松学

妈妈喂养经

　　家长在汆鸡肝时可以加入少许食醋，因
为食醋中的醋酸具有减轻异味的作用，同时还
能保持其鲜嫩口感。

青菜烫饭

原料┃米饭150克，火腿丝、海米各15克，小白菜25克

 做法

1 沸水锅中倒入备好的火腿丝，加入海米，用大火煮至熟软。

2 放入米饭、洗净的小白菜，煮至食材熟透。

3 关火后盛出煮好的食材，装入碗中。

4 待放凉后即可给宝宝食用。

扫一扫二维码
宝宝辅食轻松学

 妈妈喂养经

妈妈可以根据宝宝的口味习惯加入少许盐，进行调味，小白菜也可以换成其他绿叶蔬菜，营养成分差别不大。

干贝蒸白菜

原料 | 白菜 250 克，水发干贝 50 克，蒜末 15 克
调料 | 盐 3 克，食用油适量

扫一扫二维码
宝宝辅食轻松学

做法

1 洗净的白菜撕成小块，装盘待用。
2 泡发好的干贝撕成小块，待用。
3 热锅注油烧热，倒入蒜末，爆香。
4 倒入干贝，加入盐，炒匀入味。
5 将炒好的干贝直接铺在白菜上，待用。
6 电蒸锅注水烧开，放入食材，加盖，蒸 10 分钟，取出即可。

妈妈喂养经

干贝泡发前要用清水冲洗干净，去除杂质，然后再用温水浸泡，泡发干贝用的水也可以加入菜肴中，菜品味道会更鲜美。

一周食谱举例

餐次周次	第1顿	第2顿	第3顿	第4顿	第5顿	第6顿	加餐
周一	母乳或配方乳	蔬菜软饭	母乳或配方乳	干贝蒸白菜、黄瓜饼	母乳或配方乳	西红柿汤鸡蛋面	奶香苹果汁
周二	母乳或配方乳	大米粥	母乳或配方乳	里脊肉饼、白菜汤	母乳或配方乳	青菜烫饭	香蕉泥
周三	母乳或配方乳	馒头、豆浆	母乳或配方乳	虾仁紫菜包饭、菜末肉汤	母乳或配方乳	胡萝卜豆腐泥	梨汁
周四	母乳或配方乳	鸡肝圣女果米粥	母乳或配方乳	香菇大米粥、西红柿蛋汤	母乳或配方乳	牛奶豌豆泥	橙汁
周五	母乳或配方乳	鸡肝糊	母乳或配方乳	虾仁蒸饭、清炒莴笋	母乳或配方乳	豆沙卷	哈密瓜酸奶
周六	母乳或配方乳	五彩水果拌饭	母乳或配方乳	鱼肉米粉、蔬菜沙拉	母乳或配方乳	木耳肉丝拉面	冰糖银耳
周日	母乳或配方乳	藕丁西瓜粥	母乳或配方乳	肉泥软饭、小炒猪肝	母乳或配方乳	牛肉胡萝卜粥	水果沙拉

 注意

◆ 基本上保证宝宝一日三餐正常摄取。

◆ 可以考虑逐渐为宝宝断掉夜奶了。

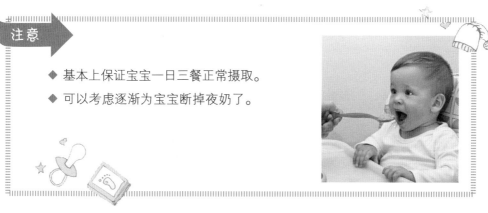

Part6

19 ~ 24 个月，
越吃越有味了

19 ~ 24 个月，宝宝的辅食添加再度升级！
菜、饭、粥、汤，丰富的花样让宝宝吃得有滋有味，
为宝宝的茁壮成长蓄能，为身体的健康和营养加分。

生长发育情况

生理发育指标		19 ~ 21 个月	22 ~ 24 个月
体重（kg）	男孩	11.4 ~ 11.9	12.0 ~ 12.5
	女孩	10.8 ~ 11.3	11.4 ~ 11.9
身高（cm）	男孩	82.8 ~ 85.6	85.7 ~ 88.5
	女孩	81.6 ~ 84.4	84.5 ~ 87.2
头围（cm）	男孩	47.7 ~ 48.0	48.1 ~ 48.4
	女孩	46.5 ~ 46.9	47.0 ~ 47.3
胸围（cm）	男孩	52.1 ~ 52.8	53.4 ~ 54.8
	女孩	48.1 ~ 52.7	49.3 ~ 53.7
牙齿咀嚼功能		宝宝 19 个月时绝大多数已长出 12 颗牙，即上、下切牙各 4 颗，及上、下、左、右前磨牙各 1 颗。20 个月后长出 2 颗板牙，到 21 个月的时候，出牙快的宝宝已有 20 颗牙齿，慢的也有 16 颗牙齿，宝宝的咀嚼功能日渐完善了。	
体能发育情况		宝宝会挣开妈妈的手，自如地走路和跑步，还会扶着栏杆上下楼梯；模仿妈妈做简单的体操；还会将纸张两折或三折；熟练地把水倒入另一个杯中；平衡能力也有所增强，能在宽距为 25 ~ 35 厘米的两条平行线中间走。	

每日营养需求

能量	蛋白质	脂肪	烟酸	叶酸	维生素 A
460 千焦 / 千克体重（非母乳喂养加 20%）	3.5 克 / 千克体重	总能量的 30% ~ 35%	6 毫克	150 微克	400 微克
维生素 B_1	维生素 B_2	维生素 B_6	维生素 B_{12}	维生素 C	维生素 D
0.6 毫克	0.6 毫克	0.5 毫克	0.9 微克	60 毫克	10 微克
维生素 E	钙	铁	锌	镁	磷
4 毫克	600 毫克	12 毫克	9 毫克	100 毫克	450 毫克

辅食添加攻略

宝宝 1 岁半后，辅食的添加大多数已经很顺利了，但是也可能出现新的问题，妈妈可以尝试以下辅食添加攻略，让宝宝吃饭更香。

可以让宝宝过渡到这一阶段的条件

通常宝宝满足以下条件，就可以过渡到这一阶段的辅食了。

能好好吃三顿饭；

所需营养大部分从饭菜中摄取；

可以先用前牙咬断食物，再用牙龈咬碎。

本阶段宝宝吃辅食的方法

这一阶段妈妈不应该再喂宝宝，而是要让宝宝练习使用勺子，学会自己吃饭。就餐前要收走玩具、关掉电视，让宝宝集中注意力吃饭。

可添加的辅食质地与食物形态

这一阶段宝宝的咀嚼能力进一步提高，食物硬度可以循序渐进地增加。为了避免宝宝将整块食物都塞进嘴里，妈妈应注意将食物切成扁平的薄片，处理纤维较多的蔬菜和肉类时先改刀，并煮久一些，以便宝宝咀嚼和吸收。

妈妈喂养指导

这一阶段宝宝所需的大部分营养都要靠一日三餐获得，妈妈要注意培养宝宝良好的饮食习惯，一旦出现不良的习惯也应及时纠正。

为宝宝提供健康的零食

健康的零食应少油低糖，避免给宝宝吃花生米、瓜子等，以免引起窒息。

及时纠正挑食、偏食的习惯

对于宝宝不喜欢吃的食物，或掺杂在他喜欢的其他食物中，或改变烹饪方法和造型，或隔段时间再次喂食。如果宝宝还是不喜欢，可用与之营养接近的其他食材代替。

本阶段食谱推荐

软煎鸡肝

原料 ┃ 鸡肝 80 克，蛋清 50 毫升，面粉 40 克

调料 ┃ 盐1克，料酒2毫升，食用油适量

 做法

1 汤锅注水，放入洗净的鸡肝，加盐、料酒。

2 盖上盖，烧开后煮至鸡肝熟透，揭盖取出，放凉后切成片。

3 把面粉装碗，加入蛋清，搅拌成面糊。

4 煎锅注油烧热，将鸡肝裹上面糊，放入煎锅中，煎熟盛出即可。

扫一扫二维码
宝宝辅食轻松学

 妈妈喂养经

妈妈在制作的时候要将鸡肝切得薄一点，这样才有利于鸡肝煎熟透。也可以将鸡肝切成小块，让宝宝用手抓着吃。

金针菇面

原料 | 金针菇 40 克，上海青 70 克，虾仁 50 克，面条 100 克，葱花少许
调料 | 盐 2 克，鸡汁、生抽、食用油各适量

扫一扫二维码
宝宝辅食轻松学

做法

1 洗净的金针菇切去根部，切段；上海青切丝，改切成粒。

2 用牙签挑去虾线，把虾仁切成粒；面条切成段。

3 汤锅注水烧开，放入适量鸡汁、盐、生抽，拌匀。

4 放入面条，加入适量食用油，煮至面条熟透。

5 放入金针菇、虾仁，拌匀煮沸；放入上海青，用大火烧开。

6 撒入少许葱花，搅拌匀，把煮好的面条盛出，装入碗中即可。

妈妈喂养经

鸡汁中含有多种营养，但油脂含量也比较丰富，所以不要过量食用，以免掩盖食材本身的鲜味，也会增加宝宝的消化负担。

肉末碎面条

原料 | 肉末 50 克，上海青、胡萝卜各适量，水发面条 120 克，葱花少许

调料 | 盐 2 克，食用油适量

做法

1 将去皮洗净的胡萝卜切片，切成细丝，再切成粒。

2 上海青切粗丝，再切成粒；面条切成小段，切好的食材分别装盘，待用。

3 用油起锅，倒入备好的肉末，翻炒几下，至其松散、变色。

4 倒入胡萝卜粒，放入切好的上海青，翻炒几下。

5 注入适量清水，翻动食材，使其均匀地散开。

6 再加入盐，拌匀调味，用大火煮片刻。

7 待汤汁沸腾后放入切好的面条，转中火煮至全部食材熟透。

8 关火后盛出煮好的面条，装在碗中，撒上葱花即成。

扫一扫二维码
宝宝辅食轻松学

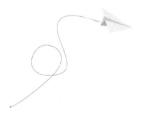 妈妈喂养经

水发面条可以缩短烹饪时间，但在切段时，建议选择风干后的案板，以免沾水后黏在一起，不易煮熟。

南瓜西红柿面疙瘩

原料 | 南瓜 75 克，西红柿 80 克，面粉 120 克，茴香
叶末少许
调料 | 盐 2 克，鸡粉 1 克，食用油适量

做法

1 洗净的西红柿切开，切小瓣；南瓜去皮，再切成片。
2 把面粉装入碗中，加少许盐，分次注入清水，搅拌
均匀。
3 倒入少许食用油，拌匀，至其成稀糊状。
4 砂锅中注水烧开，加少许盐、食用油、鸡粉和南瓜，
搅均匀。
5 盖上盖，煮至南瓜断生；揭盖，倒入西红柿拌匀，加
盖，小火续煮。
6 揭开锅盖，倒入面糊，搅匀、打散，至面糊呈疙瘩状。
7 拌煮至粥浓稠，盛出煮好的面疙瘩，点缀上茴香叶末
即可。

妈妈喂养经

搅拌面粉时，妈妈要分次加入清水，注
意观察面糊的形状，以免一次加入太多清水，
使面糊太稀。

葡萄干炒饭

原料 | 火腿40克，洋葱20克，虾仁30克，米饭150克，葡萄干25克，鸡蛋1个，葱末少许
调料 | 盐2克，食用油适量

做法

1 鸡蛋打入小碟子中，搅散、调匀，制成蛋液，备用。
2 洗净的洋葱切丝，再切成粒；火腿切片，切成细条，再切成粒。
3 洗净的虾仁切开，去除虾线，再切成丁。
4 热锅注油，倒入蛋液，摊开、翻动，炒熟后盛出待用。
5 锅底留油，倒入洋葱粒、火腿粒，炒匀炒香。
6 下入虾仁丁，快速翻炒至呈淡红色；再加入葡萄干。
7 倒入备好的米饭，翻炒片刻至米饭松散。
8 倒入煎好的鸡蛋，翻炒匀，使其分成小块。
9 调入少许盐，炒匀调味；撒上葱末，炒出葱香味。
10 关火后盛出炒好的米饭，放在盘中即成。

扫一扫二维码
宝宝辅食轻松学

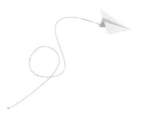

妈妈喂养经

锅中注油后要转动几下，这样煎炒鸡蛋时，蛋液才更容易熟。虾头可以用来煸炒虾油，虾油炒饭味道更香。

紫菜鲜菇汤

原料 | 水发紫菜 180 克，白玉菇 60 克，姜片、葱花各少许

调料 | 盐 3 克，鸡粉 2 克，胡椒粉、食用油各适量

做法

1 将洗净的白玉菇切去老茎，改切成段，装入盘中，待用。

2 锅中注水烧开，加入适量盐、鸡粉、胡椒粉和少许食用油。

3 放入白玉菇、紫菜，用大火加热煮沸。

4 放入少许姜片，用锅勺搅拌匀。

5 将煮好的汤盛出，装入盘中，撒上少许葱花即成。

扫一扫二维码
宝宝辅食轻松学

妈妈喂养经

紫菜入锅之前可以先用清水浸泡片刻，去除杂质，如果没有白玉菇，也可以选用其他菌类代替。

牛奶豆浆

原料 | 水发黄豆 50 克，牛奶 20 毫升

做法

1 将浸泡好的黄豆倒入碗中，注入适量清水，用手搓洗干净。
2 把洗好的黄豆倒入滤网中，沥干水分。
3 将黄豆、牛奶倒入豆浆机中，再注入清水至水位线。
4 盖上豆浆机机头，选择"五谷"程序，榨取豆浆。
5 将豆浆机断电，取下机头，滤取豆浆。
6 将滤好的豆浆倒入碗中即可。

扫一扫二维码
宝宝辅食轻松学

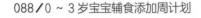
奶奶喂养经

黄豆要提前浸泡 8 小时，并洗去杂质，牛奶也可以在豆浆打好之后再加入，奶香味会更浓郁。

苹果椰奶汁

原料 | 苹果 70 克，牛奶 300 毫升，椰奶 200 毫升

扫一扫二维码
宝宝辅食轻松学

做法

1 洗净去皮的苹果切开，去除果核，切成小块，备用。

2 取榨汁机，选择搅拌刀座组合，倒入苹果，加入牛奶、椰奶。

3 盖上盖，选择"榨汁"功能，榨取汁水。

4 断电后倒出汁水，装入杯中即可。

奶奶喂养经

　　椰奶本就有甜味，在榨取奶汁时可以不用再加糖，以免糖分过多，使宝宝长
蛀牙。

苹果樱桃汁

原料│苹果 130 克，樱桃 75 克

扫一扫二维码
宝宝辅食轻松学

做法

1 洗净去皮的苹果切开，去核，把果肉切小块。

2 洗好的樱桃去蒂，切开，去核，备用。

3 取榨汁机，选择搅拌刀座组合，倒入备好的苹果、樱桃。

4 注入少许清水，榨取果汁。

5 断电后揭开盖，倒出果汁，装入杯中即可。

妈妈喂养经

妈妈可以根据宝宝的口味、喜好加入少许糖或蜂蜜，宝宝会更爱喝。如果想缩短榨汁时间，可以将樱桃切小块。

一周食谱举例

餐次 周次	第1顿	第2顿	第3顿	第4顿	加餐	第5顿	第6顿
周一	母乳或配方乳	水煮蛋、牛奶	软煎鸡肝、南瓜拌饭	牛奶	金针菇面	橘子	配方乳
周二	母乳或配方乳	南瓜西红柿面疙瘩	紫菜鲜菇馄饨	草莓果奶	葱油饼	手指饼干	配方乳
周三	母乳或配方乳	葡萄干炒饭	鸡蛋饼、炖鱼片	苹果椰奶汁	肉末碎面条	梨子泥	配方乳
周四	母乳或配方乳	面包、牛奶豆浆	黄瓜粥、清淡鳜鱼汤	椰奶	香菇猪肉饺子	芝麻糊	配方乳
周五	母乳或配方乳	燕麦豆浆、肉包	清炒芹菜、奶香馒头片	牛奶	白菜蝴蝶面	苹果樱桃汁	配方乳
周六	母乳或配方乳	皮蛋瘦肉粥	猪肉馅饼、炒红薯叶	原味酸奶	萝卜面片汤	曲奇饼干	配方乳
周日	母乳或配方乳	红薯米粥	鸡肝面、炒生菜	哈密瓜豆浆	排骨饭	香蕉沙拉	配方乳

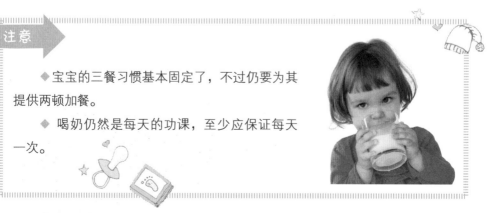

注意

◆宝宝的三餐习惯基本固定了，不过仍要为其提供两顿加餐。

◆喝奶仍然是每天的功课，至少应保证每天一次。

Part7

25 ~ 30 个月，
开启吃喝盛宴

25 个月以后的宝宝，已经能吃大部分食物了，
在为他开启吃喝盛宴的同时，妈妈还要注意营养均衡，
只有吃得丰富、健康，才能让宝宝的辅食添加更上一层楼！

生长发育情况

生理发育指标		25 ~ 27 个月	28 ~ 30 个月
体重 （kg）	男孩	12.5 ~ 13.1	13.2 ~ 13.6
	女孩	11.9 ~ 12.5	12.6 ~ 13.0
身高 （cm）	男孩	88.5 ~ 91.1	91.2 ~ 93.3
	女孩	87.2 ~ 89.8	89.9 ~ 92.1
头围 （cm）	男孩	48.4 ~ 48.8	48.9 ~ 49.1
	女孩	47.3 ~ 47.7	47.8 ~ 48.0
胸围 （cm）	男孩	53.1 ~ 53.8	54.4 ~ 55.8
	女孩	49.1 ~ 53.7	50.3 ~ 54.7
牙齿咀嚼功能		这一阶段宝宝大都会长出臼齿，牙齿咀嚼功能逐渐完善，基本上能靠自己吃饭了，能吃的食物种类不断增多，食物来源也会更丰富。	
体能发育情况		走路对宝宝来讲已经不是问题了，他现在能独自上下楼梯，有时还可以帮助拎购物袋；能双脚跳离地面了，会一刻不停地跑来跑去，并且乐此不疲。	

每日营养需求

能量	蛋白质	脂肪	烟酸	叶酸	维生素 A
480 千焦 / 千克体重	1.5 ~ 3 克 / 千克体重	总能量的 30% ~ 35%	6 毫克	150 微克	400 微克
维生素 B_1	维生素 B_2	维生素 B_6	维生素 B_{12}	维生素 C	维生素 D
0.6 毫克	0.6 毫克	0.5 毫克	0.9 微克	60 毫克	10 微克
维生素 E	钙	铁	锌	镁	磷
4 毫克	600 毫克	12 毫克	10 毫克	100 毫克	450 毫克

辅食添加攻略

当宝宝长到2岁，能吃的食物种类更多了，妈妈可以参考以下辅食添加攻略给宝宝准备饮食，让宝宝广泛地尝试不同的食物。

可以让宝宝过渡到这一阶段的条件

一般来说，当宝宝满足以下条件，则适合过渡到这一阶段辅食。

| 吃饭时先用门牙咬断，再用臼齿咀嚼； | 能喝下一杯牛奶或配方乳。 |

本阶段宝宝吃辅食的方法

宝宝能吃的食物种类不断增多，食物来源可以更丰富；每天安排三次正餐，一次加餐，早晚仍要喝配方乳。

可添加的辅食质地与食物形态

这一阶段宝宝可以接受比前一阶段硬度更高一些的食物，辅食质地要比成人的细、软、烂，食物形态要丰富。

 ## 妈妈喂养指导

这一阶段宝宝的活动能力大大提升，对食物的需求也会相应增加，对妈妈们的要求更高了，希望以下指导能给妈妈们一些帮助。

让宝宝的用餐时间逐渐向大人靠拢

宝宝每天的用餐时间应尽量向大人靠拢，可以安排他和大人一起就餐。这不仅有助于形成规律的饮食习惯，还可以让宝宝从观察中学会进食的技巧，增加进食的兴趣。

处理好正餐与零食的关系

正餐之间的零食是补充营养的重要途径，但零食不能喧宾夺主，取代正餐成为宝宝所需营养的主要来源。

让宝宝科学摄取适量粗粮

这一阶段宝宝的消化功能更加完善，妈妈不要只给宝宝吃精细加工过的食物。科学摄取适量粗粮不仅可以均衡营养，还能减少宝宝便秘发生的几率。

本阶段食谱推荐

白果蒸蛋羹

原料 | 鸡蛋 2 个，熟白果 25 克
调料 | 盐 2 克

做法

1 鸡蛋打入装水的碗中，打匀；倒入盐、熟白果，拌匀。
2 拌好的蛋液装入碗中，封上保鲜膜。
3 盖上锅盖，调转旋钮定时蒸 10 分钟。
4 蒸熟后，掀开锅盖，将蛋羹取出。
5 掀去保鲜膜，即可食用。

扫一扫二维码
宝宝辅食轻松学

妈妈喂养经

　　妈妈也可以用一个盘子代替保鲜膜，盖住蛋液碗再蒸。把握好蛋液和水的比例，以免水分过多，蛋羹难以成型。

鳕鱼鸡蛋粥

原料 | 鳕鱼肉 160 克，土豆 80 克，上海青 35 克，水发大米 100 克，熟蛋黄 20 克

做法

1 蒸锅上火烧开，放入洗好的鳕鱼肉、土豆，蒸至熟软。

2 揭盖，取出蒸好的材料，放凉待用。

3 洗净的上海青切去根部，再切细丝，改切成粒；熟蛋黄压碎。

4 将放凉的鳕鱼肉碾碎，去除鱼皮、鱼刺；土豆压成泥，备用。

5 砂锅中注水烧热，倒入大米，搅匀，煮至熟软。

6 揭盖，倒入鳕鱼肉、土豆、蛋黄、上海青，搅拌均匀。

7 再盖上盖，用小火续煮约 20 分钟至所有食材熟透。

8 揭开盖，搅拌几下，至粥浓稠，关火后盛出即可。

妈妈喂养经

　　蒸鱼的时候可以放几片姜，可以起到去腥提味的效果。同时提醒一下家长，要把鱼刺剥离干净，以免引发意外。

玉米胡萝卜粥

原料 | 玉米粒 250 克, 胡萝卜 240 克, 水发大米 250 克

做法

1 砂锅中注入适量的清水, 大火烧开。
2 倒入备好的大米、胡萝卜、玉米, 搅拌片刻。
3 盖上锅盖, 煮开后转小火煮 30 分钟至熟软。
4 掀开锅盖, 持续搅拌片刻, 将煮好的粥盛出即可。

妈妈喂养经

   如果宝宝喜欢脆一点的口感, 可以将胡萝卜晚一点倒入, 也可以加一些肉末或者鱼碎, 给宝宝全面的营养补充。

鲜香菇豆腐脑

原料 | 内酯豆腐 1 盒，木耳、鲜香菇各少许
调料 | 盐 2 克，生抽、老抽各 2 毫升，水淀粉 3 毫升，食用油适量

做法

1 洗净的香菇、木耳切成粒。
2 把内酯豆腐舀入碗中，再放入烧开的蒸锅中，蒸熟后取出。
3 用油起锅，倒入香菇、木耳，炒匀。
4 注入适量清水，加入适量盐、生抽，拌匀煮沸。
5 倒入少许老抽，拌匀上色，倒入水淀粉勾芡。
6 把炒好的材料盛放在豆腐上即可。

扫一扫二维码
宝宝辅食轻松学

妈妈喂养经

内酯豆腐鲜嫩可口，入锅后不宜蒸太久，以免口感过老，还可以在做好的豆腐脑上淋上少许宝宝油或小葱圈，味道更好。

糯米鲜虾丸

原料 | 虾仁、糯米各 200 克，蛋清少许
调料 | 盐、鸡粉、生粉各适量

做法

1 将洗净的虾仁剁成虾泥，加盐、鸡粉拌匀。
2 淋入蛋清，搅至起浆，撒上少许生粉，搅打均匀。
3 洗好的糯米撒上少许生粉，加入少许盐，拌匀备用。
4 将虾泥做成虾丸后裹上糯米，放入盘中。
5 将盘子放入蒸锅，盖上锅盖，蒸约 15 分钟至熟透。
6 取出蒸好的虾丸，摆放好即可。

妈妈喂养经

如果想要食材尽量熟透，可以将糯米提前泡发，再用厨房纸将水分吸干，使生粉均匀地包裹在糯米外。

菠菜炒鸡蛋

原料 │ 菠菜 65 克，鸡蛋 2 个，彩椒 10 克
调料 │ 盐、鸡粉各 2 克，食用油适量

做法

1 洗净的彩椒切开，去籽，切条形，再切成丁。
2 洗好的菠菜切成粒。
3 鸡蛋打入碗中，加入适量盐、鸡粉。
4 搅匀打散，制成蛋液，待用。
5 用油起锅，倒入蛋液，翻炒均匀。
6 加入彩椒，翻炒匀。
7 倒入菠菜粒，炒至食材熟软。
8 关火后盛出炒好的菜肴，装入盘中即可。

扫一扫二维码
宝宝辅食轻松学

 妈妈喂养经

　　避免菠菜中的草酸影响宝宝体内钙元素的吸收，妈妈在烹饪之前要将菠菜提前用水焯一下。

豆粉煎三文鱼

原料 | 三文鱼 80 克，豆粉适量
调料 | 葡萄籽油适量

做法

1 处理好的三文鱼切成片。
2 在三文鱼两面粘上豆粉，待用。
3 锅中注入适量葡萄籽油烧至五成热。
4 放入鱼片，煎3分钟至鱼肉两面熟透。
5 将煎好的鱼片盛出装入盘中即可。

妈妈喂养经

　　三文鱼含有很高的营养价值，对宝宝健康成长很有益处，但需要提醒妈妈注意的是，务必将鱼肉中的鱼刺剔除干净。

嫩南瓜核桃沙拉

调料 | 嫩南瓜 100 克，梨子 80 克，核桃 30 克

扫一扫二维码
宝宝辅食轻松学

做法

1 洗净去皮去核的梨子切碎；南瓜去皮切成丁。
2 核桃用刀面拍扁，再切碎，待用。
3 锅中注水大火烧开，倒入南瓜、核桃，拌匀煮至熟软。
4 将汆好的食材捞出，沥干水分。
5 把沥干的食材装入盘中，倒入梨碎即可。

妈妈喂养经

虽然宝宝的咀嚼能力已经有了进一步发育，但很容易受伤，所以家长在给宝宝制作食物时，要将核桃切碎一点，以免损伤宝宝的口腔。

西瓜汁

原料 | 西瓜 400 克

做法

1 洗净去皮的西瓜切小块。

2 取榨汁机，选择搅拌刀座组合，放入西瓜。

3 加入少许清水。

4 盖上盖，选择"榨汁"功能，榨取西瓜汁。

5 把榨好的西瓜汁倒入杯中即可。

妈妈喂养经

榨取果汁之前应将西瓜中的西瓜籽去除，以免影响宝宝消化，还可以加入其它水果，补充多种营养素。

一周食谱举例

餐次 周次	第1顿	第2顿	第3顿	第4顿	加餐	第5顿	第6顿
周一	配方乳	鳕鱼鸡蛋粥	糯米鲜虾丸、青菜拌饭	嫩南瓜核桃沙拉	豆腐豆角糊	配方乳	配方乳
周二	配方乳	鲜香菇豆腐脑	菠菜炒鸡蛋、玉米肠粉	西瓜汁	柳橙苹果粥	配方乳	配方乳
周三	配方乳	玉米胡萝卜粥	豆粉煎三文鱼、牛肉面	苹果沙拉	山药炒饭	配方乳	配方乳
周四	配方乳	白果蒸蛋羹	虾米小馄饨、丝瓜汤	玉米汁	鸡蛋面	配方乳	配方乳
周五	配方乳	蒸红薯	豆腐汤、紫菜包饭	杏仁蔬果沙拉	猪肉馅饼	配方乳	配方乳
周六	配方乳	三色花卷	鲜笋鸡汤	原味酸奶	萝卜面片汤	曲奇饼干	配方乳
周日	芝麻糊	全麦面包	红豆饭、白菜肉汤	火龙果汁	菠菜汤饭	配方乳	配方乳

注意

◆ 午餐可以比早餐和晚餐更丰富一点，为宝宝提供一天活动所需的能量。

◆ 3顿正餐前半小时尽量不要喂宝宝吃东西。

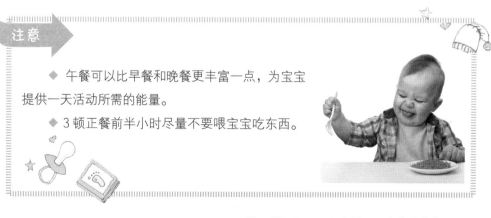

Part8

31 ~ 36个月，
和大人一样吃饭

两岁半的宝宝，俨然成了一个小大人，
无论是用餐习惯，还是进餐方式，都能和大人一样了，
让宝宝逐步适应进食多元化的成人食物，妈妈任重道远。

生长发育情况

生理发育指标		31 ~ 33 个月	34 ~ 36 个月
体重 （kg）	男孩	13.7 ~ 14.1	14.2 ~ 14.7
	女孩	13.1 ~ 13.6	13.7 ~ 14.1
身高 （cm）	男孩	93.4 ~ 95.4	95.5 ~ 97.5
	女孩	92.2 ~ 94.3	94.4 ~ 96.3
头围 （cm）	男孩	49.2 ~ 49.3	49.4 ~ 49.6
	女孩	48.1 ~ 48.3	48.4 ~ 48.5
胸围 （cm）	男孩	53.9 ~ 54.8	54.9 ~ 55.9
	女孩	52.7 ~ 54.3	53.3 ~ 54.8
牙齿咀嚼功能		3 岁宝宝的乳牙已经长齐，能够咀嚼大部分的食物了；食物烹调法可慢慢趋向于大人，调料和原料也可以逐步比之前增多，之前宝宝不爱吃的或者不能吃的食物也可以尝试再次喂食，也许会有不一样的变化。	
体能发育情况		此时宝宝的肌肉发育已较为结实，可以灵活地玩拍球、接球的游戏，还会用单腿站立、练习跳跃；愿意参加集体活动，宝宝的户外活动有所增加。	

每日营养需求

能量	蛋白质	脂肪	烟酸	叶酸	维生素 A
500 千焦 / 千克体重	4 克 / 千克体重	总能量的 30%	6 毫克	150 微克	400 微克

维生素 B_1	维生素 B_2	维生素 B_6	维生素 B_{12}	维生素 C	维生素 D
0.6 毫克	0.6 毫克	0.5 毫克	0.9 微克	60 毫克	10 微克

维生素 E	钙	铁	锌	镁	磷
4 毫克	600 毫克	12 毫克	10 毫克	100 毫克	450 毫克

辅食添加攻略

宝宝越来越像个小大人了，每天的体能消耗更多，所需能量也随之增加。妈妈可参考以下攻略，为宝宝准备营养丰富的食物。

可以让宝宝过渡到这一阶段的条件

一般来说，当宝宝满足以下条件，妈妈就可以让他像大人一样吃饭了。

| 口腔中的牙齿能真正咬合； | 可以自主进食，可以尝试使用筷子。 |

本阶段宝宝吃辅食的方法

为宝宝合理搭配一日三餐和零食，尽量做到合理膳食，摄入多种食物，坚持粗细搭配、荤素搭配。

可添加的辅食质地与食物形态

这一阶段宝宝开始具有像大人一样的咀嚼能力，妈妈可以为宝宝提供接近成人的饮食，让宝宝逐步适应成人食物。

妈妈喂养指导

到这一阶段，相信许多妈妈在给宝宝准备食物方面已经小有心得了，但这里仍要提醒妈妈们注意以下几个方面的问题。

培养孩子良好的饮食习惯

这一阶段是培养和巩固良好饮食习惯的重要时期，爸爸妈妈要多些耐心、多花心思让宝宝养成定时定量进餐、吃饭细嚼慢咽，不偏食、不厌食的好习惯。

均衡饮食，健康成长

均衡饮食是让宝宝摄入全面营养的主要途径。妈妈给宝宝准备的食物应种类丰富、粗细搭配、有荤有素，让宝宝健康成长。

拒绝重口味饮食

虽然宝宝的饮食越来越接近成人了，但为宝宝的健康着想，妈妈在烹调加工食物时仍然应尽量少盐、少油、少糖，少刺激性调味料，拒绝重口味饮食。

 # 本阶段食谱推荐

红枣芋头

原料 | 去皮芋头 250 克，红枣 20 克
调料 | 白糖适量

做法

1 洗净的芋头切片。
2 取一盘，将洗净的红枣摆放在底层中间。
3 盘中依次均匀铺上芋头片，顶端再放入几颗红枣。
4 蒸锅注水烧开，放上摆好食材的盘子。
5 加盖，用大火蒸 10 分钟至熟透。
6 揭盖，取出芋头及红枣。
7 撒上白糖即可。

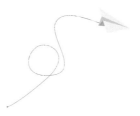

扫一扫二维码
宝宝辅食轻松学

 妈妈喂养经

如果妈妈担心宝宝的消化能力，可以将蒸熟的红枣去掉果皮和枣核，还可以将白糖换成蜂蜜。

红枣蒸冬瓜

原料 | 红枣 3 颗，去皮冬瓜 300 克
调料 | 蜂蜜 40 克

做法

1 洗净的红枣去核，切细条，改切丁。
2 洗好的冬瓜切大块，底部均匀划十字刀，均不切断。
3 将切好的冬瓜装盘，倒上红枣。
4 蒸锅注水烧开，放上冬瓜和红枣。
5 加上盖，用中火蒸 20 分钟至熟软。
6 揭开锅盖，取出蒸好的冬瓜和红枣，淋上蜂蜜即可。

扫一扫二维码
宝宝辅食轻松学

妈妈喂养经

妈妈在制作菜肴时，可以将冬瓜切成小块一起蒸制，红枣提前用水泡发，能有效缩短烹饪时间。

蒸白菜肉丝卷

原料 | 白菜叶 350 克，鸡蛋丝 80 克，香菇条 50 克，胡萝卜丝 60 克，瘦肉 200 克
调料 | 盐 3 克，鸡粉 2 克，料酒、水淀粉各 5 毫升，食用油适量

做法

1 将白菜叶焯煮后捞出；另起锅注油烧热，倒入瘦肉、香菇、胡萝卜，炒匀。

2 加入适量料酒、盐、鸡粉，炒匀调味，炒好馅料，待用。

3 白菜叶铺平，放入炒好的食材和蛋丝，制成卷；依样完成剩余食材。

4 蒸锅上火烧开，放入白菜卷，蒸熟后取出备用。

5 热锅注油烧热，注入清水，加入少许盐、鸡粉搅匀，淋上水淀粉，搅匀成芡汁。

6 将调好的芡汁浇在白菜卷上即可。

妈妈喂养经

白菜含有蛋白质、膳食纤维、维生素等成分，入锅焯水的时间不宜过久，以免营养物质流失，菜叶易破碎。

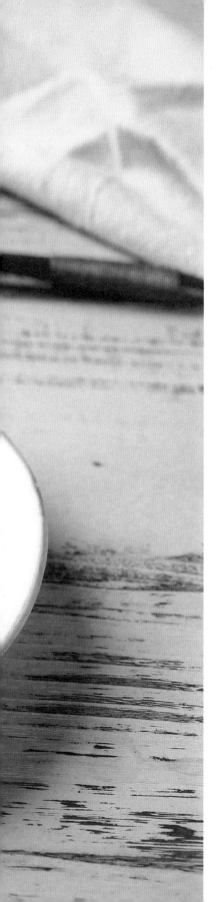

韭菜炒鸡蛋

原料┃韭菜120克，鸡蛋2个
调料┃盐2克，鸡粉、食用油各适量

做法

1 将洗净的韭菜切成小段。
2 鸡蛋打入碗中，加入少许盐、鸡粉，搅匀。
3 炒锅热油，倒入蛋液炒至熟，盛出备用。
4 油锅烧热，倒入韭菜翻炒均匀，加入盐、鸡粉调味。
5 炒匀至韭菜熟透，再倒入炒好的鸡蛋，拌匀。
6 将炒好的韭菜鸡蛋盛入盘中即成。

扫一扫二维码
宝宝辅食轻松学

妈妈喂养经

　　韭菜本就容易炒熟，入锅翻炒的时间不宜过长，否则既会造成营养流失，也会失去韭菜鲜嫩的口感。

水果豆腐沙拉

原料 | 橙子 40 克，日本豆腐 70 克，猕猴桃 30 克，圣女果 25 克，酸奶 30 毫升

 做法

1 将日本豆腐去除外包装，切成棋子块。
2 猕猴桃去皮切片，圣女果、橙子也切成片。
3 锅中注水，大火烧开，放入日本豆腐，煮至熟透。
4 把煮好的豆腐捞出，装入盘中。
5 把切好的水果放在豆腐块上，淋上酸奶即可。

扫一扫二维码
宝宝辅食轻松学

妈妈喂养经

　　水果可以替换成其他种类，酸奶不宜添加太多，以免掩盖豆腐和水果本身的味道。

花菜香菇粥

原料 | 西兰花 100 克，花菜、胡萝卜各 80 克，大米 200 克，香菇少许
调料 | 盐 2 克

做法

1 洗净去皮的胡萝卜切片，再切条，改切成丁。
2 洗好的香菇切成条；花菜去除菜梗，切成小朵。
3 洗好的西兰花去除菜梗，再切成小朵，备用。
4 砂锅中注入适量清水烧开，倒入洗好的大米。
5 盖上盖，用大火煮开后转小火煮 40 分钟。
6 揭盖，倒入切好的香菇、胡萝卜、花菜、西兰花，拌匀。
7 再盖上盖，续煮 15 分钟至食材熟透。
8 揭盖，放入少许盐，拌匀调味。
9 关火后盛出煮好的粥，装入碗中即可。

妈妈喂养经

将大米提前用水泡发，可以缩短煮粥的时间，如果想要宝宝摄入丰富的营养物质，还可以加入适量肉末。

橙汁玉米鱼

原料｜草鱼 450 克，橙汁 60 毫升，生粉 100 克

调料｜白糖 10 克，白醋、水淀粉各 10 毫升，番茄酱 50 克，食用油适量

做法

1 草鱼肉切菱形花刀；鱼头、鱼肉裹上生粉，装盘。

2 热锅注油烧热，放入鱼头和鱼肉，油炸至金黄，捞出沥干油分，摆盘待用。

3 用油起锅，倒入番茄酱拌匀，再倒入橙汁、白糖和白醋。

4 搅匀后用水淀粉勾芡至酱汁微稠。关火后盛出酱汁，浇在炸好的草鱼上即可。

扫一扫二维码
宝宝辅食轻松学

妈妈喂养经

酱汁的调制可以根据宝宝的口感喜好选择加入的多少，如果没有草鱼，也可以用相同做法，烹制其他鱼类。

玉米浓汤

材料 | 鲜玉米粒 100 克，配方牛奶 150 毫升

材料 | 盐少许

扫一扫二维码
宝宝辅食轻松学

做法

1 取来榨汁机，倒入玉米粒和少许清水，榨取玉米汁。

2 断电后倒出玉米汁，待用。

3 汤锅上火烧热，倒入玉米汁，搅拌几下，小火煮至沸腾。

4 倒入配方牛奶，搅拌匀，续煮片刻至沸。

5 再加入盐，拌匀调味，关火盛出即成。

妈妈喂养经

榨玉米汁时，可以适当延长榨汁机的工作时间，这样能使玉米的粗纤维磨得更
细，有助于宝宝消化。

胡萝卜西红柿汤

原料 │ 胡萝卜 30 克，西红柿 120 克，鸡蛋 1 个，姜丝、葱花各少许
调料 │ 盐少许，鸡粉 2 克，食用油适量

扫一扫二维码
宝宝辅食轻松学

做法

1 胡萝卜去皮切薄片；西红柿切成片；鸡蛋打入碗中，拌匀，待用。
2 锅中倒油烧热，放入姜丝，爆香，倒入胡萝卜片、西红柿片，炒匀。
3 注入适量清水，盖上锅盖，用中火煮 3 分钟。
4 揭开锅盖，加入适量盐、鸡粉，搅拌均匀至食材入味。
5 倒入备好的蛋液，边倒边搅拌，至蛋花成形。
6 关火后盛出煮好的汤料，装入碗中，撒上葱花即可。

妈妈喂养经

鸡蛋含有丰富的蛋白质，能为宝宝生长发育提供多种营养素。倒入蛋液时，要边倒边搅拌，这样打出的蛋花更美观。

一周食谱举例

餐次\周次	第1顿	加餐	第2顿	加餐	第3顿	加餐
周一	鸡蛋羹	红枣芋头	冬瓜汤、火腿炒饭	木瓜牛奶	黄瓜脆饼、蒸牛肉丸	牛奶
周二	玉米燕麦粥	曲奇饼干	红枣蒸冬瓜、玉米浓汤	猕猴桃汁	韭菜炒鸡蛋、小米粥	牛奶
周三	发糕、水煮蛋	手抓饼	橙汁玉米鱼、南瓜拌面	杏仁羹	乳酪馒头、黄瓜猪肝	牛奶
周四	花菜香菇粥	牛奶饼干	鸡蛋面糊、清炖排骨	水果豆腐沙拉	香菇炖鸡、薄饼	牛奶
周五	肉末碎面条	香蕉蛋黄羹	胡萝卜西红柿汤、小馄饨	香蕉汁	蒸白菜肉丝卷、红枣粥	牛奶
周六	芝麻香米糊	胡萝卜汁	鲜虾汤饭、海苔寿司	蔬菜沙拉	香菇水饺、绿豆汤	牛奶
周日	火腿三明治	樱桃蛋糕	大米稀粥、蜜汁鸡柳	杏仁甜汤	清蒸虾仁、肉末蛋卷	牛奶

注意

◆ 尽量为宝宝合理搭配一日三餐，做到膳食均衡。

◆ 在宝宝可接受的范围内，应多吃水果，多喝白开水。

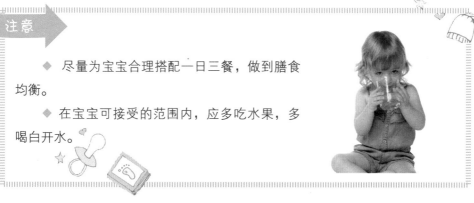

Part9

宝宝生病了，
这样吃好得快

宝宝生病了，妈妈很着急。

除了带他看医生，为他提供合理的饮食也是必不可少的。

那么，究竟该让宝宝怎么吃，才能摆脱恼人的小病小灾呢？

感冒

感冒又叫做急性上呼吸道感染，以病毒入侵为主，也有部分因支原体或细菌感染引起。主要症状表现为鼻部、咽部不适，也可能会伴有头痛、乏力、发热等症状。

喂养小叮咛

→ 宝宝患病期间很容易出现食欲不振、消化能力减弱等症状，应多补充易于消化的流质、半流质食物，如稀饭、菜汤、软面等，以减轻消化负担。

→ 橙子、猕猴桃、生菜等新鲜的水果蔬菜中，含有丰富的维生素C，适当多吃一些，有助于提高宝宝的免疫力，有利于身体恢复。

→ 不论是哪种感冒类型，生病期间忌吃一切辛辣刺激、油腻或者过于滋补的食物，如辣椒、肥肉、阿胶等，以免病情加重。

→ 及时为患儿补充水分，温热的白开水有助于发汗，尤其是有发热症状的患儿，不仅降温，还能将体内代谢的废物及时排出。

葱乳饮

原料 | 葱白25克，牛奶100毫升

做法

1 洗净的葱白切开。
2 取茶杯，倒入牛奶，加入葱白。
3 蒸锅注水烧开，揭开盖，放入茶杯。
4 盖上盖，用小火蒸10分钟。
5 揭开盖，取出蒸好的葱乳饮。
6 夹出葱段，待稍微放凉即可饮用。

调理功效

葱白性温，具有发汗解表的功效，搭配牛奶制成美味的葱乳饮，适合风寒感冒的宝宝。

包菜稀糊

原料 包菜 100 克，大米 60 克

调料 白糖 2 克

扫一扫二维码
宝宝辅食轻松学

做法

1 将洗好的包菜切成条，装入碟中备用。

2 取榨汁机，选择搅拌刀座组合，与榨汁机拧紧，把包菜放入杯中。

3 倒入适量清水，盖上盖子，选择"搅拌"功能，将包菜榨成汁，倒入碗中，备用。

4 选择干磨刀座组合，将大米放入杯中，磨成米碎，盛入碗中，待用。

5 取汤锅，置于旺火上，倒入包菜汁和米碎，不停搅拌，煮 1 分钟至黏稠状。

6 继续熬煮片刻，加入白糖，拌煮至白糖溶化，制成稀糊。

7 关火，将煮好的稀糊盛出，装入碗中即可。

调理功效

　　包菜营养价值很高，宝宝常食能提高机体免疫力，预防感冒；宝宝感冒后也适合食用清淡易消化的包菜稀糊，有助于加快痊愈。

发热

发热是指小儿体温异常升高。引起发热的原因有很多，大致分为感染性和非感染性，宝宝发热时常伴有面红、烦躁、口鼻出气热以及口发干等症状。

喂养小叮咛

→ 发热是一种消耗性疾病，营养充足才让宝宝尽快战胜病菌，家长可以适量补充一些优质蛋白质，如肉末汤、蒸鱼等，但要注意少油腻。

→ 母乳、白开水、蔬果汁等都可以喂食给宝宝用来补充水分，最好是温热的白开水，加速体液循环，促进排尿，同时也有利于降温和毒素的排出。

→ 如果宝宝没有胃口，不想吃东西，家长千万不要强迫进食，否则不仅不能增加宝宝的食欲，还可能会引起呕吐、腹泻等，加重病情。

→ 发热的宝宝不要吃刺激性食物，如胡椒粉、咖喱等，因为刺激性食物会导致机体代谢增强，产热增多，因而持续发热不退。

大米南瓜粥

原料 | 南瓜、大米各 50 克

扫一扫二维码
宝宝辅食轻松学

做法

1 将南瓜清洗干净，削皮，切成碎粒。

2 将大米清洗干净放入小锅中，再加入 400 毫升的水。

3 将锅置于火上，中火烧开，转小火继续煮制 20 分钟。

4 将切好的南瓜粒放入粥锅中，小火再煮 10 分钟，煮至南瓜软烂。

5 盛出，放凉后即可食用。

调理功效

南瓜与大米的搭配，口感香甜软糯，能大大增进宝宝的食欲，且容易消化吸收。

白萝卜汁

原料｜白萝卜 400 克

扫一扫二维码
宝宝辅食轻松学

做法

1 洗净的白萝卜去皮，再切成片，装碗备用。

2 将萝卜片放入沸水中，煮 10~15 分钟。

3 将煮好的白萝卜汁出锅装碗，放凉后即可食用。

调理功效

　　白萝卜含有多种营养成分，具有开胃消食、增强免疫力、清热排毒等功效，对缓解宝宝发热症状十分有益。

咳嗽

咳嗽是气管或肺部受到刺激后产生的反应，是常见的呼吸道症状。病毒、细菌和过敏等都可能导致咳嗽出现。此外，异物吸入也是引起婴幼儿咳嗽的常见原因。

喂养小叮咛

→ 患儿要多喝水，除了满足身体对水分的需要外，还能帮助稀释痰液，使痰易于咳出，同时增加尿量，促进有害物质的排出。

→ 多食用新鲜的蔬菜，以补充维生素和无机盐，有助于机体代谢功能的修复。同时黄豆制品含有优质蛋白质，常食能补充炎症损耗的组织蛋白。

→ 饮食清淡，可以多吃蒸煮为主的食物，家长制作菜肴时尽量不要采用油炸、煎等烹饪方式，否则容易使患儿滋生痰液，难以痊愈。

→ 虾、蟹等海鲜食品，不仅性质寒凉，容易加重咳嗽，而且容易导致过敏，过敏也会加重患儿咳嗽的症状，应该禁食。

绿豆糊

原料 熟绿豆 130 克，水发大米 120 克

调料 白糖 7 克

扫一扫二维码
宝宝辅食轻松学

做法

1 取榨汁机，把熟绿豆倒入榨汁机中，榨成绿豆汁。
2 把绿豆汁倒入碗中，待用。
3 锅中注水烧开，倒入水发好的大米，拌匀。
4 盖上盖，用小火煮 30 分钟至大米熟软。
5 揭盖，倒入绿豆汁，拌匀。
6 盖上盖，用小火煮 10 分钟至食材熟烂。
7 揭盖，放入适量白糖，拌匀，煮至白糖完全溶化，盛出即可。

调理功效

绿豆具有清热抑菌的功效，搭配有助于除烦渴的大米，对咳嗽症状有一定的食疗作用。

麻贝梨

原料 雪梨 120 克，川贝母粉、麻黄各少许

扫一扫二维码
宝宝辅食轻松学

做法

1 洗净的雪梨切去顶部，挖出里面的瓤，制成雪梨盅，待用。
2 在雪梨盅内放入川贝粉、麻黄。
3 注入适量清水，盖上盅盖。
4 蒸锅上火烧开，将雪梨盅放入蒸盘中。
5 盖上锅盖，用小火蒸 20 分钟。
6 揭开锅盖，关火后取出雪梨盅。
7 打开盅盖，拣出麻黄趁热饮用即可。

调理功效

　　川贝和梨都具有滋阴润肺、止咳化痰的功效，加上可以宣肺平喘的麻黄，非常适合咳嗽的
宝宝食用。

便秘

　　小儿便秘多由饮食不当、肠道功能失常、体格与生理的异常、生活环境或习惯改变等原因引起。

喂养小叮咛

→ 合理饮食，增加富含膳食纤维食物的摄入，如芹菜、红薯等，促进胃肠蠕动，达到通便的目的。避免食用过于精细的食物。

→ 虽然铁是人体所需的重要矿物质，但铁摄入过量很容易导致便秘。为宝宝补充铁元素时，不要过量摄入单纯的补铁制剂。

→ 便秘患儿应不食或少食糖类食物，因为糖会减弱胃肠道的蠕动，加重便秘症状，而便秘又可能诱发或加重痔、瘘等肛肠疾患。

→ 保证患儿每日饮水量以免因缺水而造成便秘，充足的水分既要维持正常的生理功能，又要协助营养物质的运输和代谢物的排出。

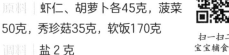

鲜虾汤饭

原料｜虾仁、胡萝卜各45克，菠菜50克，秀珍菇35克，软饭170克

调料｜盐2克

扫一扫二维码
宝宝辅食轻松学

做法

1 将洗净的菠菜、秀珍菇、胡萝卜和虾仁切成粒。

2 汤锅中注入适量清水烧开，倒入胡萝卜、香菇。

3 倒入软饭，用锅勺将其压散、拌匀。

4 盖上锅盖，用小火煮20分钟至食材软烂。

5 揭开锅盖，倒入虾仁，拌匀。

6 放入菠菜，拌匀煮沸。

7 加入少许盐，拌匀调味。

8 起锅，把煮好的汤饭盛出，装入碗中即可。

调理功效

　　菠菜含有较多的植物粗纤维，具有促进肠道蠕动的作用，可缓解便秘。

翠衣香蕉茶

扫一扫二维码
宝宝辅食轻松学

原料 | 香蕉块 150 克，西瓜片 100 克

调料 | 冰糖适量

做法

1 砂锅中注入适量清水，大火烧热，倒入西瓜皮、香蕉，搅拌片刻。

2 盖上锅盖，大火煮 30 分钟至熟软。

3 掀开锅盖，倒入适量的冰糖。

4 盖上锅盖，继续煮 15 分钟至完全溶化。

5 掀开锅盖，持续搅拌片刻。

6 关火，盛入碗中即可。

调理功效

香蕉与西瓜片的绝佳搭配，色香味俱全，还具有润肠通便的功效，宝宝经常食用还可以预防腹胀。

腹泻

腹泻是由多种原因引起的，是以大便次数增多和性状改变为特点的小儿常见病。大便次数增多，排稀便，水、电解质紊乱等是其发病期间的主要症状。

喂养小叮咛

→ 在辅食添加的过程中，宝宝出现腹泻，多半是因为对添加食物不耐受造成的，要暂停添加此种食物，待腹泻停止后再减量添加，并观察排便情况。

→ 不管何种原因引起的腹泻，都要禁食生冷食物，尤其是冰淇淋、冷饮等，也不要吃凉拌菜或沙拉，冰箱冷藏过的食物要加热后再吃，以免加重病情。

→ 腹泻时会带走患儿体内大量的水分和电解质，此时要增加流质食物的摄入，如果汁、汤饮，易于吸收还含有大量电解质，以防脱水。

→ 对于重型患儿或者频繁呕吐者，在征得医生许可后可暂时禁食，如果是一般病情，可不用禁食，避免食物摄入减少，体内毒素不能随粪便排出体外。

蒸红袍莲子

扫一扫二维码
宝宝辅食轻松学

原料 水发红莲子 80 克，大枣150 克

调料 白糖 3 克，水淀粉 5 毫升，食用油适量

做法

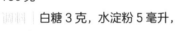

1 大枣去除枣核，将红莲子放入其中，装入盘中，再注入少量温开水，待用。

2 蒸锅上火烧开，放上红枣，盖上锅盖，中火蒸30 分钟至熟软。

3 掀开锅盖，取出红枣，将剩余的汁液倒入锅中，烧热。

4 加入少许白糖、食用油、水淀粉，调成糖汁。

5 将糖汁浇在红枣上即可。

调理功效

香甜的蒸红袍莲子，好看又美味，而且具有补脾止泻的功效，对腹泻的宝宝有一定的食疗作用。

豆角豆腐糊

原料 | 豆角 85 克，豆腐 130 克，米碎 60 克

扫一扫二维码
宝宝辅食轻松学

做法

1 锅中注入适量清水烧开，放入豆角，煮至断生。
2 将煮好的豆角捞出，沥干水分，放凉后剁碎，备用。
3 用刀将洗好的豆腐压成泥状，备用。
4 锅中注入适量清水烧开，倒入米碎、豆腐、豆角，搅匀。
5 盖上锅盖，烧开后用小火煮约 30 分钟至食材熟透。
6 揭开锅盖，搅拌均匀，关火后盛出即可。

调理功效

　　豆角具有健脾和胃、增强免疫力等功效，与白嫩的豆腐搭配做成香软的豆角豆腐糊，适合有腹泻症状的宝宝食用。

呕吐

呕吐是由食管、胃或肠道呈逆蠕动状，并伴有腹肌强力痉挛性收缩，迫使食管或胃内容物喷涌出来的一种病症。进食过多、消化道感染等因素都会引发呕吐。

喂养小叮咛

→ 呕吐多见于消化功能紊乱，当宝宝出现呕吐时，可以给予 4 ～ 6 小时的暂时性进食，让消化道休息一段时间，等待呕吐反应消失。

→ 发生呕吐 24 小时后可以恢复饮食，由流食、半流食逐渐过渡到普通饮食。如果患儿不想吃，家长也不要强迫进食，应循序渐进，少食多餐。

→ 饭前饭后忌食冷饮，以免影响咽喉部血液循环，降低呼吸道抵抗力；而且胃肠道很容易受冷刺激，导致腹痛等现象引起呕吐。

→ 家长要注意规范宝宝的饮食，饮食要定时定量，保证宝宝饮食卫生、清洁，不要过量食用辛辣、炙烤和油腻的食物。

葱白炖姜汤

原料 | 姜片 10 克，葱白 20 克
调料 | 红糖少许

扫一扫二维码
宝宝辅食轻松学

做法

1 砂锅中注入适量清水烧热。
2 倒入备好的姜片、葱白，拌匀。
3 盖上盖，烧开后用小火煮约 20 分钟至熟。
4 揭开盖，放入红糖，搅拌匀。
5 关火后盛出煮好的姜汤即可。

调理功效

姜具有温中止呕的功效，热乎乎的葱白炖姜汤对宝宝的呕吐症状有辅助治疗作用。

西红柿稀粥

原料 水发米碎 100 克，西红柿 90 克

扫一扫二维码
宝宝辅食轻松学

做法

1 将洗好的西红柿切成小块，去皮、去籽，装盘待用。
2 取榨汁机，选择搅拌刀座组合，倒入西红柿，注入少许温开水。
3 盖好盖，通电后选择"榨汁"功能，榨取汁水。
4 断电后将汁水倒入碗中，备用。
5 砂锅中注入适量清水烧开，倒入备好的米碎，拌匀。
6 盖上盖，烧开后用小火煮约 20 分钟至熟。
7 揭盖，倒入西红柿汁，搅拌均匀，盖上盖，再用小火煮约 5 分钟。
8 揭开盖，关火后将稀粥盛入碗中即可。

调理功效

　　西红柿具有健脾开胃的功效，与大米搭配做成的稀粥有梦幻般的粉红色，容易让宝宝产生食欲，对呕吐后食欲下降的症状有缓解作用。

积食

　　积食主要是指小儿进食过量，损伤脾胃，使食物停滞在体内而形成的胃肠疾患。主要表现为腹部胀满、大便干燥、嗳气酸腐等症状，食积日久，会造成小儿营养不良。

喂养小叮咛

→ 积食患儿宜饮食清淡，多吃一些具有益气健脾、消食导滞功效的食物，如山楂及山楂制品、鸡内金、莱菔子等，利于身体康复。

→ 偏食、过食肥甘厚味、贪吃零食、饥饱无常等，是造成积食的重要原因，家长要纠正宝宝的不良饮食习惯，避免长期积食。

→ 饮食要忌口，不宜食用辛辣、油炸、爆炒的食物，以免饮食过于刺激、油腻。也不要食用性寒的食物，以免损伤脾胃，病情难以治愈。

→ 不要因为担心宝宝营养不够、吃不饱就采取"填鸭式"喂养模式，这样会加重脾胃消化负担，造成消化系统损伤，导致消化不良，积食也会随之而来。

西红柿腊肠煲仔饭

扫一扫二维码
宝宝辅食轻松学

原料 西红柿200克，腊肠100克，水发大米300克，葱花少许

调料 盐1克，食用油适量

做法

1 腊肠斜刀切片；西红柿底部划十字刀，放入沸水锅中，稍煮一会儿，取出，待用。

2 西红柿稍凉后剥去外皮，切去蒂，切小瓣。

3 砂锅中注水，倒入泡好的大米，拌匀，大火煮开后转小火续煮至熟软。

4 倒入西红柿、腊肠，加入食用油、盐，小火焖5分钟至熟软。

5 关火后盛出焖饭，装在小砂锅中，撒上葱花即可。

调理功效

　　香喷喷的西红柿腊肠煲仔饭具有促进消化、开胃消食等功效，可改善宝宝积食的症状。

胡萝卜蜂蜜汁

胡萝卜120克

蜂蜜10毫升

扫一扫二维码
宝宝辅食轻松学

做法

1 洗净去皮的胡萝卜切段,再切条,改切成丁,备用。

2 取榨汁机,选择搅拌刀座组合,倒入胡萝卜,加入适量矿泉水。

3 盖上盖,选择"榨汁"功能,榨取胡萝卜汁。

4 揭开盖,加入适量蜂蜜。

5 盖上盖,再次选择"榨汁"功能,搅拌均匀。

6 揭盖,将搅拌匀的胡萝卜汁倒入杯中即可。

调理功效

　　胡萝卜对脾虚消化不良、食积腹胀有一定的缓解作用,加上甜甜的蜂蜜,既让宝宝享受美味,又能缓解积食症状。

湿疹

湿疹是一种变态反应性皮肤病，主要是对食入物、吸入物或接触物不耐受或过敏造成的。患病时会出现皮肤发红、皮疹、脱屑等症状。

喂养小叮咛

→ 饮食应选择清淡、易消化且有清热利湿效果的食物，如绿豆、藕、马齿苋等，能帮助患儿减轻症状，同时还能加快身体康复。

→ 患儿生病期间常常因为皮肤瘙痒而无心进食，食欲会大大下降，此时多吃一些水果，既能补充维生素，调节生理功能，还能减轻瘙痒症状。

→ 相较于其他宝宝，肥胖宝宝患湿疹的可能性要大得多，因此家长不要过量喂食，而且过量喂食会引起宝宝消化不良，湿疹也会进一步加重。

→ 有些宝宝容易对牛奶、鸡蛋等动物蛋白以及鱼、虾、蟹等海鲜食物过敏，因此要避免食用这些容易过敏的食物。

冬瓜红豆汤

原料 | 冬瓜 300 克，水发红豆 180 克

调料 | 盐 3 克

扫一扫二维码
宝宝辅食轻松学

做法

1 洗净去皮的冬瓜切块，再切条，改切成丁。

2 砂锅中注入适量清水烧开，倒入洗净的红豆。

3 盖上盖，烧开后转小火炖 30 分钟至红豆熟软。

4 揭开锅盖，放入冬瓜丁。

5 再盖上盖，用小火再炖 20 分钟至食材熟透。

6 揭盖，放入少许盐，拌匀调味。

7 关火后盛出煮好的汤料，装入碗中即成。

调理功效

红豆具有化湿补脾、增强免疫力等功效，搭配具有解毒功效的冬瓜，对湿疹有较好的缓解作用。

豆豉葱姜粥

原料 | 水发大米 200 克，红椒圈 10 克，豆豉 30 克，姜丝、葱花各少许

调料 | 盐 3 克，鸡粉 2 克，食用油适量

扫一扫二维码
宝宝辅食轻松学

做法

1 砂锅中注入适量清水烧开，倒入大米，拌匀。

2 加入少许食用油，盖上盖，烧开后转小火煮约 30 分钟至大米熟软。

3 揭盖，倒入豆豉、姜丝，搅拌均匀，盖上盖子，用小火煮 5 分钟。

4 揭盖，倒入准备好的红椒圈，加入盐、鸡粉，拌匀调味。

5 把煮好的粥盛出，装入碗中，再撒上少许葱花即成。

调理功效

　　豆豉有发汗解表、清热解毒之效，葱、姜有助于消化和吸收，搭配制成豆豉葱姜粥，可帮助湿疹宝宝加快痊愈。

 多汗

　　小儿多汗是指病态性的自汗及盗汗，即便室温正常，患儿在安静状态下也会出汗不止，甚至大汗淋漓。本病通常发生在 2 ～ 6 岁、体质虚弱的孩子身上。

喂养小叮咛

→ 中医认为盗汗是由阴阳失调导致的，属于阴虚症状。在日常饮食中，家长可以给患儿食用一些养阴生津的食物，如苹果、葡萄、鸭肉、百合等。

→ 多食用健脾食物，可以增强消化系统功能，增强患儿体质，减轻出汗现象，如山药、香菇、猪肚、莲子等。

→ 宝宝多汗常与体质虚弱有关，特别是与消化系统功能较弱有关，对消化系统产生不良刺激或者加重消化负担的食物，患儿都应少吃或禁吃。

→ 出汗会使身体失去一定的水分和钠、氯、钾等矿物质，为避免出现脱水现象，家长要及时给宝宝补充水分，可以多喝一些汤饮。

哈密瓜豆浆

原料｜哈密瓜65克，水发黄豆45克

扫一扫二维码
宝宝辅食轻松学

做法

1 洗净去皮的哈密瓜切小块，备用。

2 黄豆倒入碗中，加入适量清水，搓洗干净。

3 将洗好的黄豆倒入滤网，沥干水分。

4 把黄豆、哈密瓜倒入豆浆机中，注入适量清水，至水位线，开始打浆。

5 将豆浆机断电，取下机头，把煮好的豆浆倒入滤网，滤取豆浆。

6 倒入碗中，用汤匙捞去浮沫即可。

调理功效

　　香浓细腻的哈密瓜豆浆，可以帮助多汗的宝宝补充因出汗而流失的水分。

荞麦猫耳面

扫一扫二维码
宝宝辅食轻松学

原料 | 荞麦粉300克，彩椒60克，胡萝卜、黄瓜各80克，西红柿85克，鸡汁8克，葱花少许

调料 | 盐、鸡粉各4克

做法

1 将洗好的彩椒、黄瓜、胡萝卜、西红柿切成粒。
2 荞麦粉装入碗中，放入适量盐、鸡粉、清水搅匀，揉成面团。
3 将荞麦面团挤成猫耳面剂子，摘下，制成猫耳面生坯。
4 锅中注入适量清水烧开，倒入适量鸡汁，搅匀。
5 放入切好的彩椒、胡萝卜、黄瓜、西红柿，加入盐、鸡粉，搅拌均匀。
6 盖上盖，用大火煮2分钟后揭开盖子，放入猫耳面，搅匀，再煮2分钟，至猫耳面熟透。
7 关火后盛出猫耳面，撒上葱花即可。

调理功效

　　荞麦含多种营养物质，具有健胃、消积、止汗之功效，对缓解宝宝多汗的症状有一定的食疗作用。

肥胖症

医学上将体重超过按身长计算的平均标准体重 20% 的儿童，称为小儿肥胖症。超过 20% ~ 29% 为轻度肥胖，超过 30% ~ 49% 为中度肥胖，超过 50% 为重度肥胖。

喂养小叮咛

→ 进食体积大而热量低的食物，食物的体积在一定程度上会让宝宝产生饱腹感，如萝卜、莴笋、冬瓜等。

→ 饭前喝几口营养丰富、低热量的汤，既可以产生饱腹感，还可以使胃内容物更充分贴近胃壁，增强饱腹感，从而使食欲降低。

→ 对于已经养成吃零食习惯的宝宝，可以将巧克力、膨化食品等高热量零食换成牛奶、酸奶、水果等低脂肪的食物。

→ 家长在烹制食物时，尽量少加入刺激性调味品，同时少让孩子吃油炸煎制的食物，多使用蒸、煮或凉拌等烹饪方法，减少油脂的摄入。

猕猴桃薏米粥

原料 | 水发薏米 220 克，猕猴桃 40 克
调料 | 冰糖适量

做法

1 猕猴桃切去头尾，削去果皮，去除硬芯，切成碎末，备用。

2 砂锅注水烧开，倒入洗净的薏米，拌匀。

3 盖上锅盖，煮开后用小火煮 1 小时至薏米熟软。

4 揭开锅盖，倒入猕猴桃末。

5 加入少许冰糖，搅拌均匀，煮 2 分钟至冰糖完全溶化。

6 关火后盛出煮好的粥，装入碗中即可。

调理功效

薏米和猕猴桃搭配不仅可以提供热量和水分，还可以调节肠胃、促进消化，适合肥胖宝宝食用。

炒红薯玉米粒

扫一扫二维码
宝宝辅食轻松学

原料｜玉米粒135克，去皮红薯120克，去籽圆椒、枸杞各30克

调料｜盐、鸡粉各1克，水淀粉5毫升，食用油适量

做法

1 红薯、圆椒切丁，备用。

2 沸水锅中倒入红薯丁，氽约2分钟。

3 倒入玉米粒，氽约1分钟至食材断生。

4 捞出氽烫好的食材，沥干水分，装盘。

5 用油起锅，倒入氽好的食材，翻炒约半分钟。

6 放入圆椒丁、枸杞，炒匀。

7 注入少许清水，搅匀，稍煮1分钟至食材熟软。

8 加入盐、鸡粉，炒匀，然后用水淀粉勾芡，炒至收汁即可。

调理功效

　　红薯和玉米粒搭配炒制，既能增强肥胖宝宝的饱腹感，又有助于润肠通便，促进减肥。

佝偻病

佝偻病是以维生素D缺乏导致钙、磷代谢紊乱和临床以骨骼的钙化障碍为主要特征的疾病。主要特征是生长着的长骨骺端软骨板和骨组织钙化不全。

喂养小叮咛

→ 宝宝出生后6个月内尽量坚持纯母乳喂养，之后及时添加辅食，注意添加含钙、维生素D、铁等丰富的食物，如鱼、瘦肉、猪肝、蛋黄等。

→ 佝偻病患儿适宜多食用钙含量丰富的食物，如酸奶、奶酪等奶制品；另外，金针菇、白菜、油菜等蔬菜和鸡蛋，钙含量也比较高。

→ 在得到医生许可的前提下为宝宝补充维生素D制剂，尤其是早产儿、双胎儿更应重视佝偻病的预防。

→ 如果维生素、钙等营养元素的缺乏是因为宝宝有挑食、偏食等不良饮食习惯，家长要积极纠正，保证营养素的均衡摄入，避免佝偻病的发生。

嫩南瓜糯米糊

原料 | 糯米粉40克，嫩南瓜55克

扫一扫二维码
宝宝辅食轻松学

做法

1 将洗净的嫩南瓜去皮、去瓜瓤，再切丝，改切成丁，待用。

2 锅置火上，放入切好的嫩南瓜，拌匀，至其变软。

3 倒入备好的糯米粉，拌匀，注入适量清水，调匀。

4 关火后盛出，滤在碗中，制成米糊，待用。

5 另起锅，倒入备好的米糊，煮约6分钟。

6 边煮边搅拌，至食材成浓稠的糊状。

7 关火后盛入碗中即可。

调理功效

南瓜含有蛋白质、钙、铁、锌等营养成分，对于预防儿童佝偻病有一定的作用。

牛奶粥

原料 | 牛奶 400 毫升，水发大米 250 克

扫一扫二维码
宝宝辅食轻松学

做法

1 砂锅中注入适量的清水，大火烧热。

2 倒入牛奶、大米，搅拌均匀。

3 盖上锅盖，大火烧开后转小火煮 30 分钟至熟软。

4 掀开锅盖，持续搅拌片刻。

5 将粥盛出，装入碗中即可。

调理功效

　　牛奶粥含有丰富的钙质，有助于预防因缺钙导致的佝偻病，而且此粥黏稠软糯、奶香浓郁，宝宝也爱吃。

鹅口疮

　　鹅口疮又称雪口病，为白色念珠菌感染在黏膜表面形成白色斑膜的疾病。发病时患儿口腔黏膜表面覆盖白色乳凝块样小点或小片状物，可逐渐融合成大片，不易擦去。

喂养小叮咛

→ 患儿宜食用易消化的流质、半流质食物，同时还要保证热量和营养，以免宝宝因口腔不适影响营养摄入，阻碍生长发育。

→ 酸性环境更适合白色念珠菌的生长，为了缓解病情，患儿可以食用碱性食物，如马蹄、柠檬等，抑制念珠菌的繁殖。

→ 宝宝进食后可少量饮水或用温水清洁口腔。如果是母乳喂养的宝宝，在喂奶后也要给他喂服少量温水，保持清洁口腔，有利于身体康复。

→ 避免让宝宝摄入过酸、过咸、寒凉、辛辣的食物，以免刺激患儿口腔黏膜，引起疼痛，导致疾病迁延不愈。

柠檬薏米水

原料 水发薏米 100 克，柠檬片 3 片

做法

1 砂锅中注入适量清水，大火烧开。
2 倒入洗净的薏米，搅拌匀。
3 盖上盖，烧开后用小火煮至米粒变软。
4 揭盖，搅拌几下。
5 关火后盛出煮好的薏米水，装在茶杯中。
6 放入备好的柠檬片，浸泡一会儿即成。

调理功效

　　柠檬薏米水是碱性食物，有助于破坏适宜白色念珠菌生长繁殖的酸性环境，对缓解病情有利。

芦荟柠檬汁

原料 | 芦荟 60 克，柠檬 70 克

调料 | 蜂蜜 20 克

扫一扫二维码
宝宝辅食轻松学

做法

1 芦荟去皮，取出瓤肉。

2 洗净的柠檬切成瓣，去除皮。

3 取榨汁杯，倒入芦荟、柠檬，注入适量的凉开水。

4 盖上盖，将榨汁杯安装在机座上，调转旋钮到 1 档，开始榨汁。

5 待时间到，揭开盖，将蔬果汁倒入杯中。

6 淋上备好的蜂蜜即可。

调理功效

　　柠檬含有维生素 C，芦荟具有消炎、消肿、抑制细菌滋生的作用，两者搭配制成汁，能帮助鹅口疮患儿更快康复。

营养功能餐，
打造健康宝宝

开胃餐、益智餐、强身餐、长高餐、降火餐，
护眼餐、乌发餐、补钙餐、补锌餐、补铁餐……
吃了这些营养功能餐，相信你的宝宝一定会健康又聪慧！

开胃餐

很多宝宝都有胃口不好、饭后难消化的现象，中医认为这是脾胃问题导致的"恶果"。家长与其每天追着宝宝喂饭，不如学做一些开胃餐，增加食欲，还能调养脾胃。

喂养小叮咛

→ 家长在选用食材时，可以针对宝宝食欲不振的特点挑选一些开胃的食物。富含锌、铁等营养素的食物，或者本身就具有健胃消食作用的食物，以及颜色鲜艳的食物都可以选用。

→ 家长要对宝宝的饮食多花心思，改变食物的形状和颜色，如将食物做成小动物造型或者选用形状可爱的餐具，来增强宝宝的食欲。

→ 宝宝不宜食用肥甘味厚和辛辣刺激的食物，以免造成消化不良和脾胃损伤，饮食要以清淡有营养为主，可以适当吃一些鲫鱼、猪瘦肉及蔬果等。

牛肉白菜汤饭

扫一扫二维码
宝宝辅食轻松学

原料 | 牛肉 110 克，虾仁 60 克，胡萝卜 55 克，白菜 70 克，米饭 130 克，海带汤 300 毫升

调料 | 芝麻油少许

做法

1 牛肉汆煮至断生，虾仁煮至变色，备用。
2 胡萝卜和牛肉切成粒，白菜切丝，虾仁剁碎。
3 砂锅置于火上，倒入海带汤，放入牛肉、虾仁、胡萝卜拌匀，烧开后用小火煮约 10 分钟。
4 揭开盖，倒入米饭，搅散，放入白菜，拌匀。
5 再盖上盖，用中火续煮约 10 分钟至食材熟透。
6 揭开盖，淋入芝麻油，搅拌均匀即可。

调理功效

白菜具有开胃消食、通便排毒等功效，搭配牛肉制成汤饭，既能开胃，又有助于宝宝吸收营养。

彩蔬蒸蛋

原料 | 鸡蛋2个，玉米粒45克，豌豆25克，胡萝卜30克，香菇15克

调料 | 盐、鸡粉各3克，食用油少许

扫一扫二维码
宝宝辅食轻松学

做法

1 洗净的香菇、胡萝卜切成丁，备用。

2 锅中注水烧开，加入少许盐、食用油，倒入胡萝卜、香菇，拌匀，煮约半分钟。

3 放入玉米粒、豌豆，拌匀，煮约1分钟至食材断生，捞出，沥干水分，待用。

4 鸡蛋打入碗中，加入少许盐、鸡粉，边搅拌边倒入清水，混合均匀后倒入蒸盘。

5 将焯过水的材料装入碗中，加入少许盐、鸡粉、食用油，拌匀，待用。

6 蒸锅上火烧开，放入蒸盘蒸约5分钟，揭开盖，将拌好的材料放在蛋液上，摊开铺匀。

7 盖上盖，用中火再蒸约3分钟至食材熟透即可。

调理功效

让宝宝眼前一亮的彩蔬蒸蛋，色泽鲜艳能勾起宝宝的进食欲望，其中的玉米也是开胃的佳品。

益智餐

每位家长都希望拥有一个健康聪明的宝宝，那就需要抓住宝宝智力发育的关键期，给予宝宝充分的营养素，这对宝宝的大脑发育和智力发育至关重要。

喂养小叮咛

→ 大脑神经的发育离不开多种营养物质的供养，包括蛋白质、不饱和脂肪酸、钙等，同时碳水化合物分解产生的葡萄糖能为大脑活动提供能量，因此宝宝的饮食要营养均衡。

→ 卵磷脂是构成大脑及神经组织的重要成分，DHA 和 ARA 有助于大脑的发育，宝宝可以适当多吃一些富含卵磷脂、DHA 和 ARA 的食物，如黄豆、蛋黄、核桃、深海鱼等。

→ 家长可以给宝宝吃一些有助于增强记忆、强化注意力的食物，如花生、牛奶、菠菜等，但花生易致敏，小月龄的宝宝要谨慎食用。

→ 日常饮食切勿单调，同样的食材可以变换花样，还要注意食物颜色和形状的多变性。此外，如果宝宝挑食、偏食，家长应及时纠正。

木耳枸杞蒸蛋

扫一扫二维码
宝宝辅食轻松学

原料 | 鸡蛋 2 个，木耳 1 朵，水发枸杞少许

调料 | 盐 2 克

做法

1 洗净的木耳切粗条，改切成块。
2 取一碗，打入鸡蛋，加入盐，搅散。
3 倒入适量温水，加入木耳。
4 蒸锅注入适量清水烧开，放上碗。
5 加盖，中火蒸 10 分钟至熟。
6 揭盖，关火后取出蒸好的鸡蛋，放上枸杞即可。

调理功效

蛋香四溢的木耳枸杞蒸蛋，含有许多健脑营养素，宝宝常吃，能更好地促进其智力发育。

花生汤

原料 | 牛奶 218 毫升，枸杞 7 克，水发花生 186 克
调料 | 冰糖 46 克

扫一扫二维码
宝宝辅食轻松学

做法

1 将花生剥皮，留花生肉。

2 热锅注水煮沸，放入花生肉，搅拌一会儿。

3 盖上锅盖，转小火焖煮 30 分钟。

4 待花生焖干水分，倒入牛奶、冰糖，搅拌均匀。

5 加入枸杞煮沸。

6 烹制好后，关火，将食材捞起，放入备好的碗中即可。

调理功效

花生具有促进细胞发育、提高智力等作用；牛奶可以益智健脑、增强记忆力。想要养育聪明宝宝的妈妈不要错过两者的经典搭配。

强身餐

免疫力是宝宝不可缺少的健康防线，营养丰富的食物可以带给宝宝专属的防御能力，妈妈可以根据宝宝的身体情况，有针对性地给他补充营养，让身体更强健。

喂养小叮咛

→ 如果维生素 C 缺乏，白细胞的"战斗力"减弱，宝宝就很容易生病。而锌是人体内多种酶的构成成分，有助于提升免疫力。所以，宝宝要多吃一些富含维生素 C 和锌的食物。

→ 维生素 A 能促进糖蛋白的合成，当维生素摄入不足时，呼吸道上皮细胞缺乏抵抗力，宝宝就容易患病。胡萝卜、鱼肝油、牛奶等维生素 A 含量丰富，可适当多吃一些。

→ 水能使宝宝的鼻腔和口腔内黏膜保持湿润，并透过细胞膜被身体吸收，增强乳酸脱氢酶的活力，从而提高人体抗病力和免疫力。所以宝宝要多补充水分。

鱼蓉瘦肉粥

原料｜鱼肉 200 克，猪肉 120 克，核桃仁 20 克，水发大米 85 克

扫一扫二维码
宝宝辅食轻松学

做法

1 蒸锅上火烧开，放入备好的鱼肉，蒸熟后取出，放凉待用。
2 将核桃仁、猪肉切成碎末，鱼肉压碎，去除鱼刺，备用。
3 砂锅注水烧热，倒入备好的猪肉、核桃仁，拌匀，用大火煮沸。
4 撇去浮沫，放入鱼肉、大米，拌匀。
5 盖上盖，烧开后用小火煮约 30 分钟至食材熟透。
6 揭开盖，搅拌均匀，关火后盛出煮好的粥即可。

调理功效

猪肉和鱼肉的营养物质丰富，宝宝常食，有助于提高免疫力、增强体质。

橙汁马蹄

原料 | 马蹄 300 克，橙汁 20 毫升，葱花少许
调料 | 水淀粉 10 毫升，白糖、食用油各适量

扫一扫二维码
宝宝辅食轻松学

做法

1 锅中倒入适量清水烧开，倒入洗净的马蹄，煮约 2 分钟至熟，捞出备用。

2 锅中加入少许清水，倒入橙汁，加入适量白糖和少许食用油，拌匀调味。

3 倒入少许水淀粉，用锅勺拌匀，调成浓汁。

4 把马蹄倒入碗中，加入浓汁，用锅勺拌匀至入味。

5 将拌好的马蹄装入盘中，撒上少许葱花即可。

调理功效

　　马蹄的磷含量非常高，对牙齿和骨骼的发育有很大的好处，添以橙汁烹制后，更是果香四溢，很适合需要强身的宝宝食用。

长高餐

　　婴幼儿期的宝宝身高多半与饮食营养有关，家长要为其提供充足的营养，让宝宝赢在"高"处。避免因营养摄入不足而影响身高正常增长。

喂养小叮咛

→ 处于生长发育期的宝宝，摄取丰富的食物，不但能保证膳食均衡，还能防止宝宝日后挑食，为其长高助力。

→ 钙、锌与宝宝的生长发育和长高有着密切的关系，如果摄入不足，很容易导致身材矮小。因此，要适量补充含钙和锌高的食物，如虾皮、牛奶、豆制品等。

→ 宝宝生长发育快，新陈代谢旺盛，需水量大，要保证水分的充足摄入，而且水分有助于体内毒素排出，进而帮助生长发育。

→ 类似菠菜、甜菜等蔬菜中含有的草酸较多，进入体内会与钙结合，从而降低钙的利用率，可以先将此类蔬菜用开水焯一下，去掉草酸之后再食用。

虾仁西兰花碎米粥

原料｜虾仁 40 克，西兰花 70 克，胡萝卜 45 克，大米 65 克

调料｜盐少许

扫一扫二维码
宝宝辅食轻松学

做法

1 胡萝卜对半切开，再切成片；虾仁用牙签挑去虾线，剁成虾泥。

2 锅中注水烧开，放入胡萝卜、西兰花，拌煮至断生，剁成末，装入盘中，备用。

3 取榨汁机，选择干磨刀座组合，将大米磨成米碎，倒入碗中，待用。

4 汤锅中注水烧热，倒入米碎，煮成米糊。

5 加入虾肉，胡萝卜、西兰花，放盐，拌匀即可。

调理功效

　　西兰花和虾中含有丰富的钙质，宝宝常吃，可以促进生长，维持牙齿及骨骼的健康。

红豆高粱粥

原料 红豆 60 克，高粱米 50 克

调料 冰糖 20 克

扫一扫二维码
宝宝辅食轻松学

做法

1 锅中注入约 900 毫升清水烧开。

2 倒入洗净的高粱米。

3 放入洗净泡好的红豆。

4 盖上锅盖，转小火煮约 40 分钟至食材熟软。

5 揭开盖，放入冰糖。

6 盖上盖子，再煮约 3 分钟至冰糖完全融入粥中。

7 取下盖子，搅匀食材，盛出煮好的甜粥即成。

调理功效

　　高粱米含有丰富的蛋白质、淀粉等营养成分，可促进人体的发育生长，制成粥，更易被消化吸收，宝宝可以常吃。

降火餐

宝宝是"纯阳之体"，体质偏热，赶上气温变化大或稍有照顾不周就会上火，口舌生疮、小便发黄等症状也会产生，此时家长可以给宝宝准备一些清凉降火的食物。

喂养小叮咛

→ 蔬果中不仅含有大量的水分，可以起到清热祛火的作用，还含有维生素、矿物质和膳食纤维等多种营养素，有利于宝宝的生长发育，宝宝应多吃新鲜蔬果。

→ 多喝水对宝宝祛火很有帮助，特别是夏季天气炎热的时候，宝宝本就体液消耗比较大，要增加水分的摄入，喝一些清热的饮品，如蔬果汁、百合汤等。

→ 巧克力、炸鸡、薯条等食物和龙眼、荔枝、芒果等热性水果，上火宝宝都要少吃，避免加重上火。

→ 食物中应尽量避免使用辛辣、重口味的调料，如葱、姜、辣椒、花椒等，不仅会引起上火，还会刺激宝宝的咽喉，引起咳嗽、咽喉痛等其他症状。

香梨泥

原料 | 香梨 150 克

做法

1 洗好的香梨去皮，切开，去核，再切成小块。
2 取榨汁机，选择搅拌刀座组合。
3 倒入切好的香梨。
4 盖上盖，选择"榨汁"功能，榨取果泥。
5 将榨好的果泥倒入盘中即可。

调理功效

香梨性凉，具有润燥清热的功效，制成泥，新鲜清爽、绵细软糯，上火宝宝易于接受。

荷叶藿香饮

原料 | 藿香 10 克，水发荷叶 5 克

扫一扫二维码
宝宝辅食轻松学

做法

1 砂锅中注入适量清水，用大火烧热。

2 倒入备好的藿香、荷叶。

3 盖上锅盖，烧开后转小火煮 30 分钟至药材析出有效成分。

4 揭开锅盖，将药材捞干净。

5 关火后将煮好的药汤盛入碗中即可。

调理功效

　　荷叶具有降火清热、保护脾胃等功效，搭配有解暑功效的藿香煮水，宝宝饮用可用来降火。

护眼餐

明亮健康的眼睛不仅能让宝宝看清多彩的世界，还能在大脑皮层形成更多的视觉记忆，促进大脑开发。可见，视力发育对宝宝成长的重要性，而护眼餐则是营养基础。

眼养小叮咛

→ 过多的糖分摄入会影响钙质的吸收，导致眼球巩膜弹性降低，且高血糖容易引起水晶体渗透压改变，使晶状体变凸，引发近视。所以，包含蛋糕、糖果等在内的甜食要少吃。

→ 胡萝卜素在人体内可转化为维生素A，有利于视网膜内视紫质的合成或再生，维持正常视力，因此，宝宝的日常饮食中可以适量食用胡萝卜、枸杞等富含胡萝卜素的食物。

→ 护眼食物的补充要以营养素均衡摄入为前提，以蛋白质、脂肪、碳水化合物、维生素、水和矿物质组成的六大营养素能维持身体各部位，包括视力在内的正常发育。

鱼肉玉米糊

扫一扫二维码
宝宝辅食轻松学

原料 草鱼肉70克，玉米粒60克，水发大米80克，圣女果75克

调料 盐少许，食用油适量

做法

1 汤锅中注水烧开，放入圣女果，烫煮半分钟捞出，去皮剁碎。
2 洗净的草鱼肉切成小块，玉米粒切碎。
3 用油起锅，倒入鱼肉炒香，加水，加盖煮熟。
4 揭盖，用锅勺将鱼肉压碎，把鱼汤滤入汤锅中。
5 放入大米、玉米碎拌匀，小火煮至食材熟烂。
6 揭盖，放入圣女果，加入少许盐，拌匀煮沸。
7 把煮好的米糊盛出，装入碗中即可。

调理功效

玉米含有多种维生素，对提升宝宝的视力十分有益，适合制作护眼餐。

南瓜泥

原料 | 南瓜 200 克

扫一扫二维码
宝宝辅食轻松学

做法

1 洗净去皮的南瓜切成片，放入蒸碗中备用。

2 蒸锅上火烧开，放入蒸碗，将南瓜蒸熟。

3 揭盖，取出蒸碗，放凉后倒入大碗中，压成泥。

4 另取一个小碗，盛入做好的南瓜泥即可。

调理功效

　　南瓜含有蛋白质、胡萝卜素、锌、钙、磷等营养成分，具有保护视力的功效，已经添加辅食的宝宝应适量进食。

乌发餐

比起乌黑亮丽的头发，如果宝宝的头发过细、干黄总会给人有一种不健康的"假象"。其实头发与营养成分有关，注意饮食合理和营养吸收，是头发黑亮的基础。

喂养小叮咛

→ 优质蛋白质、维生素 C、维生素 E 等营养元素都具有营养头发的功效，家长可以给宝宝适当补充橘子、核桃、黑芝麻等食物，让宝宝的头发乌黑浓密。

→ 矿物质中的铜是头发合成黑色素必不可少的元素，铁元素是构成血红蛋白的主要元素，而血液是养发的根本，所以动物肝脏、黄豆、蛋类等食物可以多给宝宝食用。

→ 如果是还在喝配方奶的小月龄宝宝可以喝些加锌奶粉，锌元素在毛发美化方面起着重要作用。

→ 酪氨酸、泛酸等也是促进头发黑色素形成的重要物质，在动物性肉类如鸡肉、牛肉、瘦猪肉和坚果类食物中含量丰富，宝宝可以适当食用。

红枣黑米粥

原料｜大米 60 克，黑米、莲子各 20 克，红枣 10 克，姜片少许

调料｜盐、鸡粉各 2 克

做法

1 砂锅中注入适量清水烧开，倒入大米。

2 放入黑米、红枣、莲子，拌匀。

3 盖上盖，用小火煮 1 小时至食材熟透。

4 揭盖，放入姜片、盐、鸡粉，拌匀调味。

5 关火后盛出煮好的粥，装入碗中即可。

调理功效

这款红枣黑米粥对于头发细黄的宝宝有一定的改善作用，软糯的口感也容易获得宝宝的青睐。

黑芝麻拌莴笋丝

原料 | 去皮莴笋 200 克，去皮胡萝卜 80 克，黑芝麻 25 克

调料 | 盐、鸡粉各 2 克，白糖 5 克，醋 10 毫升，芝麻油少许

做法

1 洗好的莴笋、胡萝卜切丝，待用。

2 锅中注水烧开，放入莴笋丝和胡萝卜丝，焯至断生。

3 捞出焯好的莴笋和胡萝卜，装碗待用。

4 加入部分黑芝麻，放入盐、鸡粉、白糖、醋、芝麻油，拌匀。

5 将拌好的菜肴装在盘中，撒上剩余黑芝麻点缀即可。

调理功效

　　黑芝麻含有蛋白质、维生素等多种营养成分，适当食用可以增加体内黑色素，有利于头发生长。

补钙餐

随着体内器官的生长成型和各项功能逐渐完善，宝宝对钙的需求量也在逐渐增长，为了避免缺钙造成的不良影响，家长要为宝宝准备一些营养补钙餐，帮助其茁壮成长。

喂养小叮咛

→ 奶及奶制品是非常好的补钙来源，特别是经过发酵的酸奶，不仅利于钙的吸收，而且其中含有的益生菌还能调节肠胃功能，宝宝多喝些奶制品有益身体健康。

→ 当体内缺乏维生素 D 时，食物中的钙就无法被人体充分吸收，所以在给宝宝补钙的同时不要忘了补充维生素 D，可以服用鱼肝油或者晒太阳。

→ 不要将钙片溶于牛奶中，因为过多的钙离子会使牛奶产生凝固现象，并与牛奶中的蛋白质结合产生沉淀，会影响补钙效果。

→ 充足的钙质可以保证宝宝正常发育，但短期内服用过多的钙，不仅无法增加体内对钙的代谢，长期过量还有可能造成骨骺提前闭合，长骨的发育也会受到影响。

猕猴桃橙奶

原料 橙子肉80克，猕猴桃50克，牛奶150毫升

做法

1 将去皮洗净的猕猴桃切成丁，橙子肉切成小块。
2 取榨汁机，选搅拌刀座组合，杯中倒入切好的橙子、猕猴桃。
3 再倒入牛奶，盖上盖子，选择"搅拌"功能，榨取果汁。
4 把榨好的猕猴桃橙奶汁倒入碗中即可。

调理功效

牛奶中含有丰富的钙质，是非常好的补钙来源，而且钙磷比例适当，更有益于宝宝吸收。

白菜焖面糊

原料 │ 小白菜 60 克，泡软的面条 150 克，鸡汤 220 毫升

调料 │ 盐、生抽各少许

扫一扫二维码
宝宝辅食轻松学

做法

1 洗净的小白菜剁成粒，装入碟中备用。

2 面条切成段，备用。

3 汤锅置于火上，倒入鸡汤，煮至汤汁沸腾。

4 下入面条，搅散，煮至七成熟。

5 转小火，将小白菜倒入锅中，转大火，放入盐、生抽，拌煮 1 分钟至食材熟透、入味。

6 待面条煮熟后，关火盛出，装入汤碗即可。

调理功效

　　小白菜含有丰富的维生素和矿物质，其钙含量相当高，是防治缺钙的理想蔬菜，与面条一起焖成面糊，易于宝宝消化吸收。

补锌餐

锌对正处于生长发育期的儿童来说十分重要，是保障其健康成长所必备的动力源。避免缺锌造成不良影响，不妨给宝宝多吃一些补锌餐。

喂养小叮咛

→ 韭菜、竹笋、燕麦等含粗纤维较多，麸糖及谷物胚芽含植酸盐多，而粗纤维及植酸盐均会阻碍锌的吸收，所以给宝宝补锌期间的食谱应适当精细些。

→ 需要服用补锌制剂的宝宝，必须在医生指导下服用补锌制剂，以免补充过量，造成维生素 C 和铁含量减少，而导致缺铁性贫血的发生。

→ 畜禽肉、蛋类、海产品尤其是牡蛎及奶酪、燕麦等食物，含有丰富的锌元素，家长可以给宝宝适量食用，增加锌的摄入量。

→ 不要钙锌同补，否则既干扰锌本身的吸收，补钙效果也不理想，如果需要同时补充两种元素，最好间隔 2 小时以上，或者白天补锌，晚上补钙。

南瓜拌饭

原料 ┃ 南瓜 90 克，芥菜叶 60 克，水发大米 150 克

调料 ┃ 盐少许

扫一扫二维码
宝宝辅食轻松学

做法

1 南瓜去皮切粒，放入碗中；芥菜切丝，切成粒。

2 将大米倒入碗中，加入适量清水。

3 分别将装有大米、南瓜的碗放入烧开的蒸锅中，蒸熟后取出待用。

4 汤锅中注水烧开，放入芥菜，煮沸，放入蒸好的大米、南瓜，搅拌均匀。

5 加入适量盐，拌匀调味。

6 将煮好的食材盛出，装入碗中即成。

调理功效

南瓜含有丰富的锌，能参与人体内核酸、蛋白质的合成，适当食用有助于宝宝健康成长。

菌菇稀饭

原料 | 金针菇 70 克，胡萝卜 35 克，香菇 15 克，绿豆芽 25 克，软饭 180 克

调料 | 盐少许

做法

1 将洗净的豆芽切粒；金针菇切去根部，切成段。

2 洗净的香菇、胡萝卜切成丁。

3 锅中倒入适量清水，放入切好的食材，大火煮沸后转小火。

4 倒入软饭，搅散，加盖，煮至食材软烂。

5 揭开盖，倒入绿豆芽，搅拌片刻，放入少许盐调味。

6 起锅，将做好的稀饭盛出，装入碗中即可。

调理功效

绿豆芽含有蛋白质、锌、维生素等成分，将绿豆芽与大米煮成粥，不仅能补锌，还利于宝宝消化。

补铁餐

铁是儿童生长发育与健康的重要营养素之一，如果摄入不足，不仅会影响身体的正常发育，甚至还会影响其智力发育。补铁成了宝宝日常饮食中不可忽视的"工作"。

喂养小叮咛

→ 尽可能选择含铁丰富的食物，一般动物性食物中颜色越深的，含铁量越高，如猪肝、牛肉、羊肉、鸡血等；植物性食物中，深绿色蔬菜比浅绿色蔬菜含铁量要高，如紫菜、黑木耳等。

→ 多给孩子吃一些含维生素C丰富的水果，如柑橘、橙子、猕猴桃、西红柿、鲜枣等，维生素C是铁的好搭档，可以促进铁的吸收，同时还能使食物中的铁转变为能吸收的亚铁。

→ 补铁时，不能与补钙制剂一起服用，这样不仅会影响骨骼对钙的吸收，还会影响铁元素的生物利用率。此外，补铁时也不要与咖啡、茶、奶、可乐等一起服用。

→ 妈妈应该尽量使用铁铸炊具，特别是在制作花费时间较长的食物时，如炖菜、熬汤等，这样可以增加菜肴中的含铁量，让孩子在不知不觉间补铁。

乌龙面蒸蛋

原料 | 乌龙面85克，鸡蛋1个，水发豌豆20克，上汤120毫升

调料 | 盐1克

扫一扫二维码
宝宝辅食轻松学

做法

1 砂锅中注水烧开，放入豌豆，煮至断生后捞出。
2 将乌龙面切成小段；鸡蛋打入碗中搅散，加入少许上汤，拌匀。
3 倒入乌龙面、豌豆，加少许盐拌匀，待用。
4 取一蒸碗，倒入拌好的材料，备用。
5 蒸锅上火烧开，放入蒸碗，蒸至食材熟透。
6 揭盖，取出蒸好的食材即可。

调理功效

蛋黄中的铁元素含量较高，宝宝食用后可增加铁元素的摄入量，避免贫血的发生。

枣泥肝羹

原料 西红柿 55 克, 红枣 25 克, 猪肝 120 克

调料 盐 2 克, 食用油适量

扫一扫二维码
宝宝辅食轻松学

做法

1 锅中注水烧开, 放入西红柿焯一会儿, 捞出, 放凉待用。

2 将放凉的西红柿剥去表皮, 切成小块; 红枣去核, 剁碎; 猪肝切成小块。

3 取榨汁机, 倒入切好的猪肝, 搅成泥, 取出, 装入蒸碗中, 倒入西红柿、红枣, 加入少许盐、食用油。

4 搅拌均匀, 腌渍 10 分钟至其入味, 备用。

5 蒸锅上火烧开, 放入蒸碗, 盖上锅盖, 用中火蒸约 15 分钟至熟。

6 揭开锅盖, 取出蒸碗, 待稍微凉后放入碗中即可。

调理功效

　　猪肝中含有丰富的铁元素, 且易于被人体消化吸收, 可以预防宝宝缺铁性贫血, 是补铁佳品。

芝麻菠菜

原料 | 菠菜 100 克，熟芝麻适量

调料 | 盐、芝麻油各适量

做法

1 洗好的菠菜切成段。

2 锅中注入适量的清水，大火烧开。

3 倒入菠菜段，搅匀，煮至断生。

4 将菠菜段捞出，沥干水分，待用。

5 菠菜段装入碗中，撒上熟芝麻、盐、芝麻油。

6 搅拌片刻，使食材入味，装入盘中即可。

调理功效

　　菠菜中含铁丰富，能供给人体多种营养物质，增强抗病能力，对缺铁性贫血也有较好的辅助治疗作用。

附录 1

贴心妈妈的四季食材库

食物种类	春季	夏季	秋季	冬季
蔬菜、菌菇类	香椿、豆芽、蒜苗、豆苗、莴苣、韭菜、春笋、菠菜、胡萝卜、玉米	甜南瓜、黄瓜、土豆、玉米、苦瓜、莲藕、茄子、丝瓜、四季豆、莴笋	白萝卜、红薯、胡萝卜、上海青、菠菜、豆芽、西兰花、白菜、花菜	白萝卜、红薯、花菜、四季豆、山药、洋葱、白菜、油麦菜
肉类	排骨、猪肉、青鱼、黄花鱼、鳕鱼、银鱼、扇贝、花蛤、动物肝脏	牛肉、猪肉、虾仁、鲍鱼、鲳鱼、动物肝脏	猪肉、鱿鱼、鸡肉、蟹、三文鱼、青鱼、带鱼、鲈鱼、海虾、动物肝脏	羊肉、排骨、猪肉、虾、墨鱼、牡蛎、章鱼、明太鱼、鲍鱼
水果类	樱桃、草莓、苹果、菠萝、李子	西瓜、李子、哈密瓜、荔枝、桃子、香瓜、葡萄、提子	菠萝、梨、苹果、柿子、橘子、柳橙、大枣、甘蔗、山楂、石榴	橙子、猕猴桃、香蕉、柿子、马蹄、柳橙、柠檬、苹果、葡萄、椰子
坚果类	葵花籽、杏仁	芝麻、南瓜子	板栗、核桃	芝麻、核桃、花生、板栗
豆类	豆腐、黄豆、豌豆、蚕豆	绿豆、豆干、豌豆、豆笋	毛豆、绿豆、腰豆、扁豆	红豆、黑豆、黄豆、豆皮
谷类	小麦、小米、高粱、大米	糙米、紫米	糯米、糙米、小米、大麦	大米、燕麦、糯米、黑米
其他	鸡蛋、玫瑰花、蜂蜜、龙眼干	鸡蛋、酸奶、牛奶、肉松、海带	红枣、鸡蛋、牛奶、豆浆、银杏	红枣、鸡蛋、牛奶、酸奶、豆浆、葡萄干、柿子饼、海带、紫菜

附录 2

宝宝成长必需的营养素

营养素	功效	营养素	功效
糖类	提供大部分热量，保持体温，促进新陈代谢，驱动肢体运动，维持大脑正常功能。	维生素 D	提高机体对钙、磷的吸收，促进骨骼生长和钙化，健全牙齿，有助于结膜炎的治疗。
蛋白质	促进生长发育和组织修复，维持体内酸碱平衡和水分的正常分布。	维生素 E	改善血液循环，修复组织，保护视力，提高免疫力，加快烧伤伤口的愈合。
脂肪	提供热量，保暖，保护内脏，提供身体必需的脂肪酸，促进脑部发育。	钙	使牙齿和骨骼强壮，保持神经和肌肉的兴奋性，降低毛细血管和细胞膜的通透性。
膳食纤维	清除体内的垃圾，维护肠道健康，增加饱足感，防止便秘。	铁	预防和治疗缺铁性贫血，使人面色红润，保持健康肤色。
维生素 A	增强抵抗力，维持神经系统的正常生理功能，促进牙齿和骨骼的正常生长，修复受损组织。	锌	是人体生长发育、免疫、内分泌等重要生理过程中必不可少的物质，调节免疫功能。
维生素 B_1	增进食欲，助消化，保持神经系统、肌肉和心脏功能的正常运转，提高智力。	硒	清除体内多余的自由基，排出体内毒素，提高人体的免疫力。
维生素 B_2	构成脑细胞及提高其活力，促进智力发育，保持皮肤、毛发和指甲的健康，利于缓解炎症。	镁	参与体内能量的代谢，对中枢神经系统的功能具有重要的维护作用，保护血管系统。
维生素 B_6	协助产生抗体，调节中枢神经系统，稳定情绪，预防和治疗皮肤疾病。	磷	维持骨骼和牙齿的正常生长发育，保护牙龈的健康，加速断骨或其他伤口的愈合。
维生素 B_{12}	人体造血原料之一，促进生长发育，提高注意力，预防贫血。	碘	促进智力和生长发育，提高学习能力，维持头发、指甲、牙齿和皮肤的健康发育。
维生素 C	有效对抗体内的自由基，防止脑和脊髓被自由基破坏，预防动脉血管硬化。	钠	有助于体内的水平衡，协助神经系统和肌肉的正常运作。